디스플레이 이야기 2

디스플레이 이야기 2
디스플레이 상식과 지식 알아가기

초판 1쇄 발행 2021년 9월 10일
초판 2쇄 발행 2024년 3월 15일

지은이 주병권
펴낸이 최일연
펴낸곳 열린책빵

등록 2020년 11월 26일 제2020-000232호
주소 10521 경기도 고양시 덕양구 무원로 41 905동 701호
전화 (031) 979-2806
팩시밀리 (031) 8056-9306
홈페이지 www.openbookbread.co.kr
전자우편 openbookbread@naver.com

ⓒ 주병권 2021
ISBN 979-11-972783-1-0 03560

※ 이 책의 내용의 전부 또는 일부를 사용하려면
   반드시 저작권자와 열린책빵의 동의를 받아야 합니다.
※ 책값은 뒤표지에 표시되어 있습니다.

디스플레이 이야기

상식과 지식
디스플레이 알아가기 2

友情 주병권 지음

열린
책방

시작하며 ······ PROLOGUE

오래전부터 정년까지 10년 정도가 남으면, 떠날 준비를 하겠다고 생각했습니다.
산에 오를 때 충분히 내려갈 시간을 고려하듯,
내려가는 것도 여유 있게 준비를 하며 내려가겠다고, 보람과 의미를 찾으면서.
세월이 유수 같아서 서너 해 전에 10년여가 남았더군요.
시작을 하였습니다.

물질 기부와 재능 기부 그리고 지식 기부……
첫 번째 기부, 물질 기부는 진행 중입니다.
아이들과 환경을 향한 기부입니다.
두 번째 기부, 재능 기부도 역시 진행 중입니다.
현장을 다니며, 청소년들과 젊은이들에게 꿈을 주려는 기부입니다.

이제 7년 정도가 남았습니다.
세 번째 기부, 지식 기부입니다. 알고 있는 지식을 전달하고자 합니다.
먼저 '정보 디스플레이' 분야부터 시작합니다.
청소년들, 우리 학부생들, 더해서 일반인들까지 관심을 가질 수 있도록
그리고 기술과 산업 의존도가 큰 우리나라가 경쟁국들의 공세에서 잘 지켜질 수 있도록.

크게, 다섯 개의 주제를 준비하였습니다.

주제 하나, '정보 디스플레이 기술의 개요'에 관한 이야기입니다. 디스플레이 전반을 다룹니다.
주제 둘, '디스플레이의 공통적인 상식과 지식'에 관한 이야기입니다. 원리와 용어, 공통적인 이론을 다룹니다.
주제 셋, '액정 디스플레이'에 관한 이야기로, LCD 이야기입니다.
주제 넷과 다섯, '유기 발광 다이오드'와 '양지점 디스플레이'에 관한 이야기입니다. OLED 이야기들, QD 디스플레이를 설명하고 예측합니다.

앞으로 10년 동안은 이 책이 감싸 안을 수 있기를 바랍니다.
물론, 더 필요하고 더 등장할 가능성이 있는 디스플레이들도 생각 중입니다.

주제에서 잠시 숨을 돌리며 참고하기 위해 노트를 구성하려 합니다.
나는 하루 하나의 노트를 쓰고, 독자들은 하루 하나의 노트를 읽고.
공원에서, 거리에서, 버스에서, 지하철에서 가볍게 읽을 수 있는 쉬운 내용과 편안한 분량으로.
또한 집중과 휴식을 위해 중간중간 핫한 이슈, 쉬어가기 노트도 넣으렵니다.

이제, 시작하죠~

　디스플레이 이야기 시리즈는 총 5권으로 출간할 생각입니다. '디스플레이 알아가기'로 발간된 첫 번째 이야기에서는 디스플레이의 기원, 변천과 역사, 분류를 기본으로 다루었고, 디스플레이 기술들을 스스로 빛을 내는 자발광형과 스스로 빛을 낼 수 없는 비자발광형으로 구분하여 각각에 해당하는 디스플레이들을 알기 쉽게 핵심 위주로 설명하였습니다.

　이 책은 그 두 번째 이야기로 '디스플레이 상식과 지식 알아가기'입니다. 이곳에서는 모든 디스플레이들에 공통으로 적용되는 기초 이론과 용어들을 다룹니다. 먼저, 우리 인체에서 정보 디스플레이와 가장 밀접한 눈 그리고 빛에 관해 설명합니다. 무한한 전자기파 영역을 다루는데, 특히 가시광선 내용을 더 자세히 다루고, 디스플레이가 가시광선을 만들어내면서 어떻게 색과 영상을 구현하는지를 설명합니다. 디스플레이의 세포에 해당하는 화소, 부화소들 각각이 어떻게 색을 만들고, 만들어낼 수 있는 색의 수는 어떻게 결정되는지 그리고 각각의 화소들이 어떤 방식으로 구동되면서 영상을 표현하는지, 실로 흥미진진한 이야기들이 전개됩니다. 한 화소 안에 있는 세 개의 부화소들이 각각 빛의 3원색을 담당하며, 이때 빛의 밝기와 색의 표현력을 정의하는 방법, 색과 온도의 관계인 색온도, 색이 지니고 있는 세 개의 속성들인 색상, 채도, 명도에 관한 이야기도 곁들여지죠. 이상이 이론적인 기초 학습이라면 다음으로 공학적, 제조 공정면에서 정리한 용어들의 설명이 더해집니다. 디스플레이가 만들어지는 운동장인 기판부에 관한 이야기, 박막 트랜지스터와 저장 커패시터가 연결되는 능동 구동 화소부, 이 위에 더해지는 입력 장치인 터치스크린부, 즉 디스플레이 패널을 구성하는 세 개의 주요 부분이 차례로 설명되죠. 이와 함께 디스플레이의 성능과 규격에 관한 용어들, 즉 개구율, 다이내믹 레인지, 명암비, 색심도와 계조, 시야각, 응답 속도, 주사율과 프레임 속도, 해상도, 화면비 등 디스플레이의 공통 용어들이 가나다~ 순으로 명료하게 정의, 설명되고 있습니다. 생산 공정에 관한 용어로는 다면취 공정, 상판과 하판, 생산량, 세대, 택트 타임 등 생산 현장에서 사용되는 용어들을 풀어 보았으며, 끝에는 디스플레이 패널과 모듈, 세트 그리고 외부 기기와의 연결을 위한 커넥터 부분을 삼성 디스플레이 자료를 인용하여 더하였습니다.

　세 번째 이야기는 '액정 디스플레이 알아가기'입니다. 지금까지의 주류이던 액정 디스플레이를 상세히 설명합니다. 네 번째 이야기는 '유기 발광 다이오드 상식 알아가기'입니다. 새로운 주류로 자리 잡아 가는 유기 발광 다이오드를 자세히 서술합니다. 다섯 번째 이야기는 '유기 발광 다이오드와 양자점 디스플레이 지식 알아가기'입니다. 유기 발광 다이오드를 좀 더 상세히 기술하고, 차세대 디스플레이인 양자점 디스플레이를 설명합니다.

앞으로 6개월 기간을 두고 출간될 3권부터 5권까지도 기대를 부탁합니다. 이처럼 디스플레이 이야기 시리즈는 각각 100페이지 남짓으로 휴대용으로 편하게 출간되며, 정보 디스플레이에 관심이 있는 학생과 일반인들이 볼 수 있도록 내용을 구성합니다. 이 책들은 학부와 대학원 교재로도 사용할 수 있습니다. 사실 5권까지로 정한 이유는, 우리 학교의 경우 학부 4학년 1학기부터 대학원 석사 과정 4학기까지 총 5학기 동안 학기마다 1권씩 '정보 디스플레이 기술'을 알아가는 교재로 사용하고자 함이었죠. 이 책들을 수업에서 교재로 사용할 경우, 학기별 교재 1권마다 총 14회 강연할 수 있는 강의 교안도 파일로 함께 제공됩니다. 5권까지 발행이 완료되면 총 70회분의 강의 노트가 제공될 것입니다.

이 책을 읽거나 공부하는 방법은 다음과 같습니다. 먼저, 그냥 편히 읽어 가면 됩니다. 그러면서 저자의 블로그에서 '디스플레이 공부' 메뉴를 함께 이용하면 많은 도움이 될 것입니다. 이 책은 '디스플레이 공부' 메뉴에서 코너 2)에 해당됩니다. 각각의 세부 주제는 코너 2)의 노트 2-1)부터 노트 2-33)까지 볼 수 있으며, 블로그에는 관련 링크들과 연동됩니다. 그리고 각 노트에서 댓글을 통해 저자와 의견을 교환할 수 있으며, 블로그의 이웃 메뉴들에도 도움이 되는 다양한 이야기들을 찾아볼 수 있습니다. 각 노트들은 수시로 업그레이드되어 부족한 부분은 수정 보완될 것입니다. 최근의 이야기, 수식과 이론 문제의 제시와 풀이, 더 알면 도움이 되는 내용들로 이어지고 확장될 것입니다. 블로그의 '디스플레이 공부' 메뉴 코너 3)부터 코너 5)까지는 디스플레이 이야기 시리즈의 3권부터 5권까지의 준비된 내용들이고, 코너 6)은 저자의 연구실이 삼성 디스플레이와 함께 연구하고 있는 내용들 중에서 공개가 가능한 부분을 편하게 오픈하고 있습니다.

당초에는 본 내용을 집필용이 아닌 블로그를 통한 지식 기부용으로 서술하였기에 마음 편히 여러 사이트를 인용하였습니다. 하지만 책으로 출간하기 위해서 글도 새로 다듬고 그림도 다시 그리며 중복이나 표절 방지에 최선을 다하였습니다. 혹여 미흡한 점이 있다면 한시라도 저자나 출판사에 알려 주시기 바랍니다. 원고 작성은 모두 저자가 하였으며, 작성 과정에서 S사의 두 분 연구원께 내용 확인을 받았습니다. 초안 완성 후에는 저자 연구실의 대학원생인 황영현, 이승원, 박재원, 박준영 박사 과정들 그리고 최민정 석사 과정에게 편집과 교정 등을 부탁하였습니다. 도움을 주신 이들께 감사드립니다. 이 책을 통한 수익에서 도움을 주신 이들께 인세의 일부가 전달될 것이며, 특히 저자에게 주어지는 인세는 전액 불우 아동과 환경보호를 위해 사용될 것입니다.

이상, 지식 기부와 모두의 행복으로 가는 길의 동참에 감사드립니다.

2021년 8월, 저자
블로그, blog.naver.com/jbkist
전자메일, bkju@korea.ac.kr

 블로그 QR 코드

병상에서의 상념

다가오는 병을 맞이하느라

병상에 누우면

일상의 번거로움은 잊혀져 가고

지나간 날들의 생채기가 다시 도진다

쓸쓸히 떠나간 이의 뒷모습과

사랑하는 이들이 겪은 아픔이 가슴을 누르고

이렇듯 눈을 감고

살아온 긴 여정을 되돌아보면

몸이 아픈 건지 마음이 아픈 건지 혼미해진다

창 밖에는 봄비가 오듯이

눈이 녹아 흐르는 소리가 들려오고

곁자리에는 아지랑이라도 피어오르는 듯

막연한 따스함에 손길을 더듬어 본다

언제나 텅 빈 그 자리는

딛고 올라갈 층계참으로 채워졌고

이제는 그 길을

내려가야 할 때인가 보다

잘 딛고 올라간 발걸음이
잘 딛고 내려올 수 있을까

더 오르지 못하는 길을 뒤로 하고 내려오는 길
이제는 그 길을 돌아오며
서둘러 오르느라 미처 머물지 못하였던
작고 어두운 곳을 돌아보아야겠다

그곳에서는
미처 찾지 못한 아름다움이 있을 것이고
혹은 지고 살아온 크고 작은 등짐들을
내려놓을 작은 여유라도 찾을 수 있을 것이다

쓸쓸히 떠나간 이와 마주할 수도 있을 것이고
행여나 사랑하는 이들이 겪은 아픔을
내 아픔과 함께 다독일 수도 있을 것이다

BK

디스플레이 이야기들

4 시작하며…	6 알아가기	8 병상에서의 상념
31 햇빛, 가시광선	37 빛과 색 그리고 디스플레이의 화소	42 화소가 만드는 색, 색의 수
60 색 공간, 색 좌표	63 색 영역, 규격들의 변천	67 색 재현율
80 능동 구동 화소부	83 터치스크린부	87 개구율
98 시야각	100 응답 속도	102 주사율, 프레임 속도
116 상판과 하판	118 생산량	120 세대(G)

CONTENTS

- 12 디스플레이를 위한 센서, 눈
- 16 빛
- 26 파동, 전자기파
- 47 화소들의 구동, 영상 만들기
- 54 3원색
- 56 빛의 밝기
- 69 색온도
- 73 색의 3속성
- 77 기판부
- 89 다이내믹 레인지와 HDR
- 93 명암비
- 96 색심도와 계조, 감마 보정
- 104 해상도
- 108 화면비
- 113 다면취 공정
- 122 택트 타임
- 124 커넥터

디스플레이를 위한 센서, 눈

디스플레이의 영상은 빛이 되어 우리 눈으로 들어옵니다. 그래서 디스플레이의 원리와 작동 기구 등의 이야기를 풀어 가기 이전에 눈에 관한 이야기부터 시작하려 합니다. 물론 디스플레이, 빛과 관련된 눈 이야기죠. 눈은 빛에 반응하여 정보로 받아들이는 감각기관입니다.

화면의 빛이 우리 눈을 향해 오면, 먼저 각막cornea을 만납니다. 각막은 눈의 가장 바깥쪽에 위치하며 빛을 굴절시킬 뿐만 아니라, 자극에 민감하게 반응하여 눈을 보호하기도 합니다. 그리고 홍채iris 중앙에 있는 동공pupil은 크기로 눈의 안쪽으로 들어가는 빛의 양을 조절하게 되죠. 동공을 통과한 빛은 수정체crystalline lens를 만납니다. 수정체는 볼록렌즈 역할을 하며, 곡률 즉 두께가 조절되면서 빛을 모아 주는 방향으로 굴절시켜 망막retina에 초점이 맺히도록 합니다. 굴절된 빛은 유리체vitreous humour를 통과하여 망막에 도달합니다.

망막은 눈의 가장 안쪽을 둘러싸고 있는 신경세포 층으로, 디지털 카메라의 이미지 센서에 비교됩니다. 망막에는 두 종류의 센서, 즉 광수용 세포photoreceptor cell가 있는데, 그중 하나인 간상세포rod cell는 빛의 밝기에 민감하게 반응합니다. 그리고 다른 하나인 원추세포cone cell는 0.1룩스Lux 이상의 밝은 빛에 대해 주로 색깔을 감지하는 역할을 하죠. 간상세포와 원추세포는 각각 생긴 모양에 따라 붙여진 이름입니다.

망막에는 대략 1억3천만 개의 간상세포가 있으며, 이들은 한 개의 광자에도 반응할 만큼 민감한데 그 민감도는 원추세포의 100배에 이릅니다. 반면에 빛에 반응하는 속도는 0.1초 정도로 원추세포에 비해 느립니다. 따라서 매우 약한 빛도 감지하는 대신에 빠르게 변화하는 빛을 쫓아가지는 못하죠. 간상세포는 498nm 파장의 빛(초록색, 파란색)에 가장 민감하고, 640nm 이상의 파장은 감지하지 못하는 것으로 보고되었습니다.

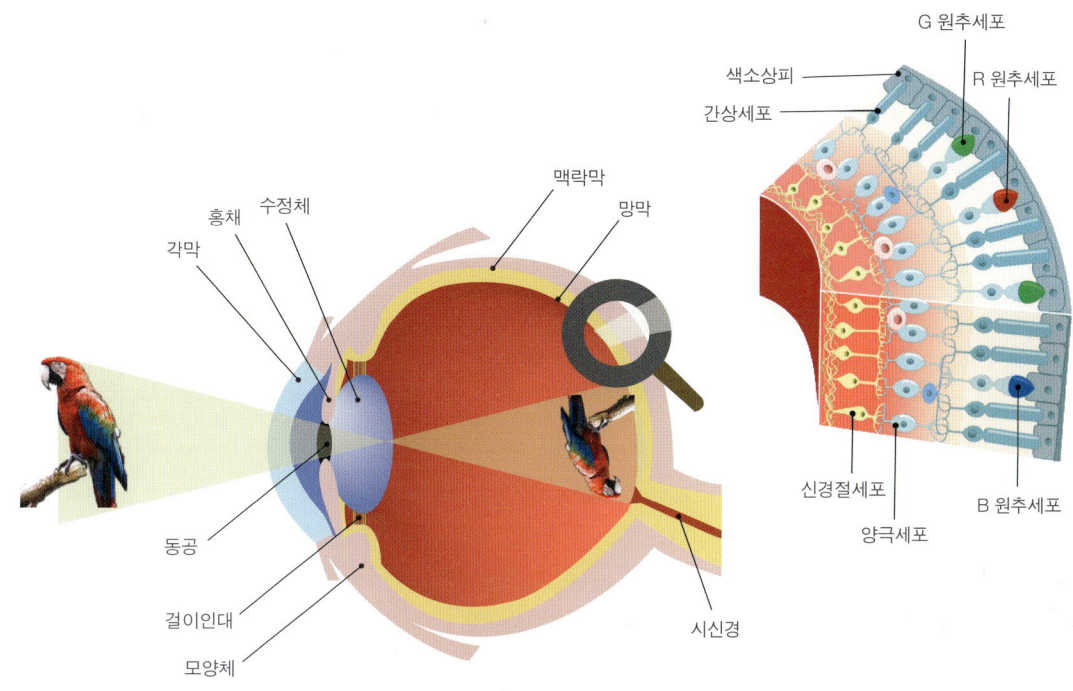

눈과 망막의 구조 그리고 물체가 망막에 맺히는 모습

    망막에는 7백만 개 정도의 원추세포가 있는데, 주로 색깔을 감지합니다. 원추세포는 R 세포, G 세포, B 세포의 세 종류로 나뉘는데, R 세포의 경우 564nm의 파장을 중심으로 노랑과 초록 사이의 빛에 민감합니다. 그리고 G 세포는 534nm의 중심 파장으로 청록과 파랑 사이의 빛에 민감하며, B 세포는 420nm의 중심 파장으로 파랑과 보라 사이의 빛에 민감합니다.

    R 원추세포가 감지할 수 있는 가장 긴 파장은 750nm이며, 이보다 긴 파장인 적외선은 눈으로 볼 수 없습니다. B 원추세포가 감지할 수 있는 가장 짧은 파장은 380nm이며, 이보다 짧은 파장인 자외선 역시 눈으로 볼 수 없습니다. 이와 같이 눈으로 감지할 수 있는 대략 750nm~380nm 파장 범위의 전자기파를 가시광선으로 부릅니다. 세 종류의 원추세포들의 감지 영역에서 두 종류가 초록 부근에서 겹치고 있어 인간의 눈은 초록을 가장 잘 감지할 수 있답니다. RGB 원추세포의 비율은 40 : 20 : 1로 R 원추세포가 G 원추세포보다는 두 배, B 원추세포보다는 무려 40배가 많습니다. 따라서 우리 눈은 빨강을 가장 잘 명확히 인식합니다.

    간상세포는 주로 야간 시각을 담당하며 명암의 차이에 민감하여 무채색을 감지합니다. 간상세포가 손상되면 야맹증이 되죠. 반면에 원추세포는 주로 주간 시각을 담당하며 색깔의 차이에 민감하여

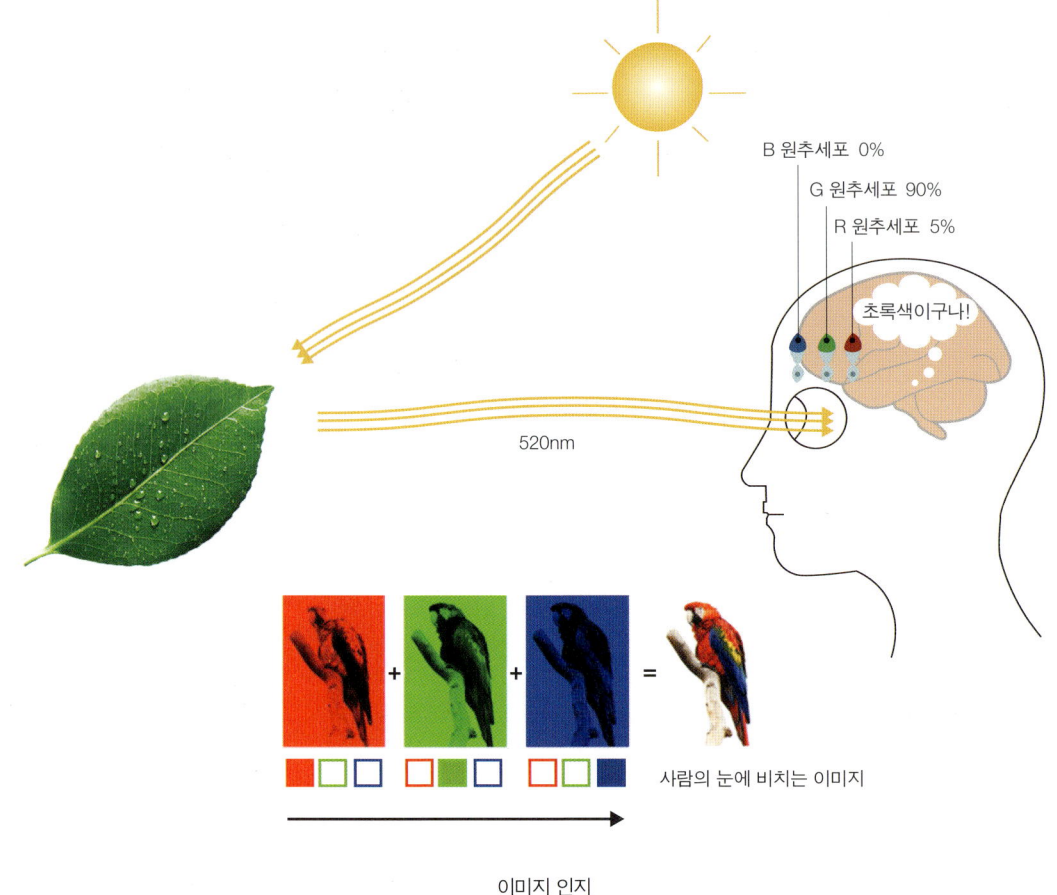

이미지 인지

유채색을 감지합니다. 원추세포가 손상되면 법적인 맹인이 됩니다.

그런데 참 신기합니다. 우리가 750nm부터 380nm까지의 파장을 볼 수 있다면, 각 파장들을 구분하여 인지하는 센서들이 많이 있어야 합니다. 0.1nm 단위로까지 인지할 수 있다면 더 좋겠죠. 그렇지만 센서, 즉 원추세포는 세 종류뿐입니다. 연속적인 색은 커녕 무지개색보다도 적은 숫자죠. 그런데 어떻게 세 개의 센서로 가시광선의 모든 파장, 즉 다양한 색들을 구분할 수 있을까요?

세 종류의 원추세포들은 각각 주로 반응하는 영역들을 가지고 있지만, 임의의 파장에 대해서 최소 2개 이상의 원추세포들이 함께 반응을 합니다. 예를 들어, 500nm의 파장에 대해서는 R, G, B 원추세포들이 모두 반응하며, 550nm의 파장에는 R과 G 원추세포가 반응합니다. 이렇게 세 종류의 원추세포들의 반응 신호를 조합하면, 구분할 수 있는 색들이 훨씬 다양해집니다. 이런 방식으로 사람은 성장하면서 점점 더 많은 색들을 분별하게 됩니다. 서로 떨어져 있는 별개의 색 수십 종을 구분하게 되고, 색 감각이 매우 뛰어난 화가는 1500종까지도 구분합니다. 색들을 나란히 배열하고 그 차이를 분별하는 능력은 아주 뛰어나서 750만 종까지도 가능하다고 합니다. 이런 경우, 각각에 이름을 붙이는 것이 불가능하여, 색을 수치로 표현합니다. 더 상세한 설명은 빛과 색이라는 주제로 준비하겠습니다.

광수용 세포들인 간상세포와 원추세포가 받은 빛의 자극은 전기적인 펄스 신호, 즉 전류 펄스로 변환되고, 양극 세포bipolar cell와 시신경 세포, 즉 시신경 섬유 다발들에 의해 모아진 후 뇌로 전달됩니다. 이와 같이 뉴런으로 불리는 신경세포들은 끊임없이 점멸하는 전기적 신호를 뇌로 운반하며, 뇌에 전달된 전기적인 시각 정보는 뇌의 뒤쪽 영역인 후두엽에서 처리되고 영상으로 전환됩니다. 이제 인간의 눈을 고려한 빛 이야기로 이어져야겠죠?

시각의 경로

더 생각해보기

- 빛은 어떤 경로로 망막에 이르고, 영상은 어떤 원리로 인식될까?
- 망막에 배열된 빛 센서들은 영상 인식을 위해 어떤 역할을 할까?
- 눈과 카메라, 어떻게 닮았을까?

빛

 일상에서의 빛은 가시광선으로, 물리학에서의 빛은 모든 파장에서의 전자기파로 익숙합니다. 조금 더 들어가면, 고전물리학에서의 빛은 파동성을 갖는 전자기파이고, 양자물리학에서의 빛은 입자의 특성까지 더해진 이중성을 갖죠. 다만, 디스플레이의 빛을 설명하는 데에는 가시광선으로도 충분합니다. 가시광선의 경우, 사람과 환경에 따라 조금씩 다를 수도 있으므로 좁은 범위에서는 420nm~680nm, 넓은 범위에서는 380nm~800nm 정도로 논의되며, 저는 습관적으로 380nm~750nm로 생각합니다. 이러한 가시광선 덕분에 우리는 사물을 볼 수 있죠.

 먼저 빛의 옛날 이야기를 해 볼까요? 기원전 그리스와 헬레니즘 시대의 학자들, 그리고 1600년대의 물리학자이자 철학자인 르네 데카르트 René Descartes 등이 빛에 관한 이야기를 풀어 왔어요. 1700년 전후에는 영국의 물리학자이자 수학자인 아이작 뉴턴 Isaac Newton이 빛에 대해 체계적인 실험과 결과를 발표하며 학술적인 토론의 불을 당겼습니다. 그는 빛의 회절, 스펙트럼 등 흥미 있는 실험을 하였고, 빛

전자기파 스펙트럼

의 입자설을 주장하였습니다. 그리고 호이겐스로 더 쉽게 불리는 네덜란드의 과학자 크리스티안 하위헌스Christiaan Huygens는 1690년에 발표한 빛에 관한 논문에서, 빛의 파동설과 함께 빛의 전달 매질로 우주 공간에 있는 '에테르'라는 물질을 제시하였습니다. 지금은 없는, 아니 있지도 않았던 물질이죠. 그는 빛이 서로 교차할 때 입자라면 충돌로 인해 왜곡되겠지만, 그렇지 않는다는 점으로 빛의 파동성을 강조하였죠. 사실 입자설과 파동설은 학술적 근거보다도 명성에 의해 우세가 결정되었죠. 그러니 당연히 뉴턴 쪽으로 기울 수밖에 없었습니다.

그러다가 19세기에 영국의 과학자인 토머스 영Thomas Young이 빛의 간섭에 관한 실험 결과를 발표하면서 입자설에 관한 확실한 반론을 제시하였어요. 즉, 두 파동이 중첩되면서 보강 간섭과 소멸 간섭이 일어나고 줄무늬를 만드는 현상이죠. 1803년 런던 왕립 학회에서 발표한 실험 결과는 학계의 권위에 부딪쳐 가로막혔으나, 1818년 프랑스의 물리학자 프레넬Augustin-Jean Fresnel의 빛의 회절 현상에 관한 논문과 1850년 역시 프랑스의 물리학자 레옹 푸코Jean Bernard Léon Foucault가 빛의 속도를 측정하면서 토머스 영의 파동설이 받아들여졌습니다. 레옹 푸코는 지구의 자전을 실험으로 증명한, 움베르토 에코Umberto Eco의 소설 '푸코의 진자'에서의 그 푸코가 맞습니다.

1845년 영국의 과학자 마이클 패러데이Michael Faraday는 빛과 전자기의 연관성을 제시하였고, 1867년 영국의 과학자 맥스웰James Clerk Maxwell은 전자기파의 존재를 확인하였습니다. 맥스웰은 전기와 자기의 상호 관계에 의해 파장, 즉 전자기파가 발생하고, 그 속도가 빛의 속도와 일치함을 확인하였습니다. 그는 전자기파가 빛이라는 점을 증명하였고, 이로서 빛의 파동설은 더욱 확고해졌습니다. 또한 그는 여러 전자기 이론들을 수식적으로 정리한 맥스웰 방정식으로 전자기학의 토대를 마련하였죠. 아인슈타인Albert Einstein은 맥스웰의 성과에 대해 '뉴턴 이래로 가장 훌륭한 업적'으로 평한 바가 있습니다. 아인슈타인은 상대성이론이 아닌 광전효과로 노벨 물리학상을 받았죠. 그런데 광전효과는 1887년에 독일의 물리학자인 헤르츠Heinrich Rudolf Hertz가 발견하였습니다. 주파수의 단위로 사용되는 헤르츠, 전자기파의 존재를 실제로 증명한 그 헤르츠가 맞습니다. 다만, 그 당시에는 광전효과를 파동 현상의 하나로 생각했죠. 그런데 빛에 의해 방출되는 전자들의 수가 빛의 세기가 아닌 진동수에 비례하며, 전자가 방출되기 시작하는 임계 진동수가 있다는 점은 빛의 입자, 즉 광자의 존재로서만 설명이 가능합니다. 결국, 아인슈타인은 빛의 입자설을 다시 부활시켰으며, 빛의 입자와 파동의 이중성을 통해 양자역학의 시작을 알리며 1922년에 노벨 물리학상을 수상하였습니다.

이후로 빛에 관한 입자와 파동의 이중성은 지금까지 내려오고 있습니다. 빛을 떠나서, 존재하는 모든 물질은 입자성과 파동성을 가집니다. 우리의 일상에서는 한쪽 특성만 확연하게 드러날 뿐이죠.

빛에 관한 이론의 역사

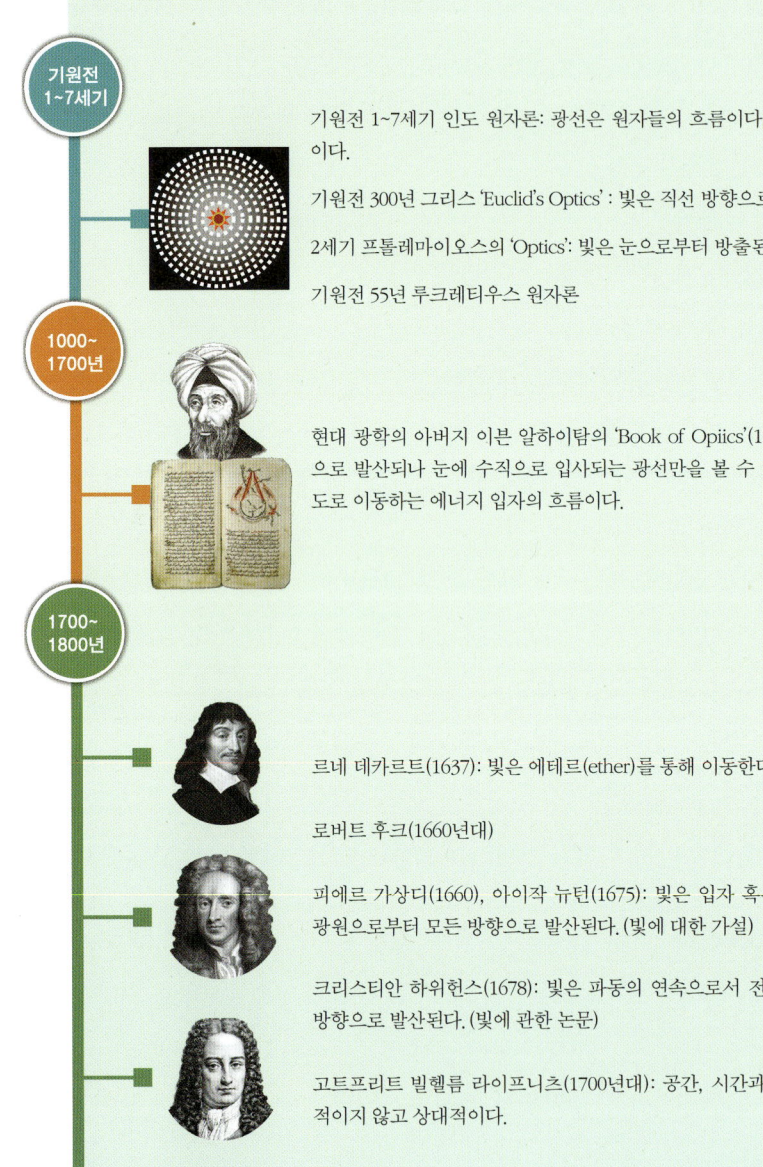

기원전 1~7세기
기원전 1~7세기 인도 원자론: 광선은 원자들의 흐름이다, 빛은 에너지의 일종이다.
기원전 300년 그리스 'Euclid's Optics' : 빛은 직선 방향으로 발산된다.
2세기 프톨레마이오스의 'Optics': 빛은 눈으로부터 방출된다.
기원전 55년 루크레티우스 원자론

→ 고대 이론

1000~1700년
현대 광학의 아버지 이븐 알하이탐의 'Book of Opiics'(1021): 빛은 모든 방향으로 발산되나 눈에 수직으로 입사되는 광선만을 볼 수 있다. 빛은 유한한 속도로 이동하는 에너지 입자의 흐름이다.

→ 빛의 입자설

1700~1800년

르네 데카르트(1637): 빛은 에테르(ether)를 통해 이동한다.

로버트 후크(1660년대)

→ 빛의 파동설

피에르 가상디(1660), 아이작 뉴턴(1675): 빛은 입자 혹은 소체(corpuscle)로 광원으로부터 모든 방향으로 발산된다. (빛에 대한 가설)

→ 빛의 입자설

크리스티안 하위헌스(1678): 빛은 파동의 연속으로서 전달 매질을 통해 모든 방향으로 발산된다. (빛에 관한 논문)

→ 빛의 파동설

고트프리트 빌헬름 라이프니츠(1700년대): 공간, 시간과 물체의 운동은 절대적이지 않고 상대적이다.

레온하르트 오일러(1746): 파동설이 회절을 더 쉽게 설명할 수 있다. (Nova 이론 lucis et colorum)

→ 빛의 파동설

1800~1900년

토머스 영(1800년대): 빛의 회절 실험을 통해 빛이 파동의 형태로 이동하는 것과 빛이 다양한 색깔의 파장으로 나누어질 수 있다는 것을 증명하였다. — 빛의 파동설

마이클 패러데이(1845): 빛은 전달 매질이 필요없는 전자기적 진동이다.

제임스 클러크 맥스웰(1862)
On Physical Lines of Force: 빛은 전자기 방사선(전자기파)이다.
맥스웰 방정식(1873): 전기 및 자기에 관한 논문으로 전자기파의 특성에 대해 설명하였다. — 전자기학

하인리히 헤르츠(1887): 가시광선처럼 행동하는 라디오파를 제작하였다.

레옹 푸코, 알버트 마이컬슨, 웨드워드 몰리(1887): 빛의 속도를 측정하여, 에테르를 통해 빛이 이동한다는 이론을 반박하였다. — 빛의 파동설
광전 효과에 의한 '변칙(anomolies)' 현상이 파동설과 모순된다.

1900~1940년

빛의 파동설과 흑체 복사 스펙트럼 간의 모순 — 양자역학

막스 플랑크(1900): 에너지는 양자에 의해 공급되고 흡수된다.

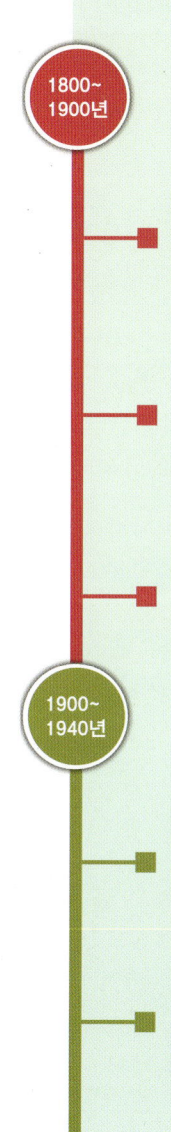

알버트 아인슈타인(1905): 파동설의 '변칙'은 빛의 속도와 연관이 있다. — 특수상대성이론
물질은 입자와 파동의 성질을 모두 가지고 있고, 각 성질을 끌어내기 위해서는 서로 다른 일들이 행해져야 한다. — 파동-입자 이중성

행렬 역학(1925): 베르너 하이젠베르크, 막스 보른, 파스쿠알 요르단 — 양자 전기역학 양자장론

데이비슨, 거머(1927): 전자는 파동의 성질을 가진다. — 파동-입자 이중성

에르빈 슈뢰딩거(1935): 사고 실험 — 양자 전기역학 양자장론

파인만, 다이슨, 슈윙거, 도모나가(1940년대): 빛과 물질 간의 상호작용 설명
– 광자의 교환

디스플레이 상식과 지식 알아가기

독일의 물리학자 막스 플랑크Max Planck는 1900년에 플랑크 상수와 복사 법칙을 연이어 발표하면서 양자quantum라는 개념을 최초로 정의하였고, 프랑스의 물리학자 루이 드 브로이Louis Victor de Broglie는 1920년대, 즉 양자역학의 개척 시대에 플랑크 상수를 기초로 물질파 개념을 발표하며 전자는 입자일 뿐만 아니라 파동임을 제시하였습니다. 이는 양자역학의 입자와 파동의 이중성 개념에 결정적인 영향을 주게 되죠. 1927년 미국의 물리학자 데이비슨Clinton Joseph Davisson은 전자의 파동성, 즉 회절 현상을 발표함으로써 빛을 포함한 물질의 이중성에 쐐기를 박았습니다. 결국 빛은 입자와 파동입니다. 광자들의 움직임이며 전자기파입니다. 지금까지의 디스플레이 원리나 기술은 파동으로서의 빛이 더 편했습니다. 하지만 양자점Quantum Dot, QD을 활용하는 디스플레이가 활발해지면서 입자로서의 이중성으로 인해 이야기가 더 흥미롭게 전개되고 있습니다.

이제 빛의 특성을 살펴볼까요? 빛은 직진성이 있습니다. 빛은 언제나 공간상의 가장 짧은 거리를 택하여 초속 30만 km로 진행합니다. 중력에 의해 빛이 휘어질 때에도 실은 공간이 휘어질 뿐 빛의 직진성은 유지됩니다. 다만, 빛은 다른 매질로 들어갈 때 속도가 바뀝니다. 매질이 바뀌면 빛의 속도도 달라집니다. 즉, 이는 굴절률(n)로 표현되는데, 특정 매질에서의 빛의 속도(v)는 진공에서의 빛의 속

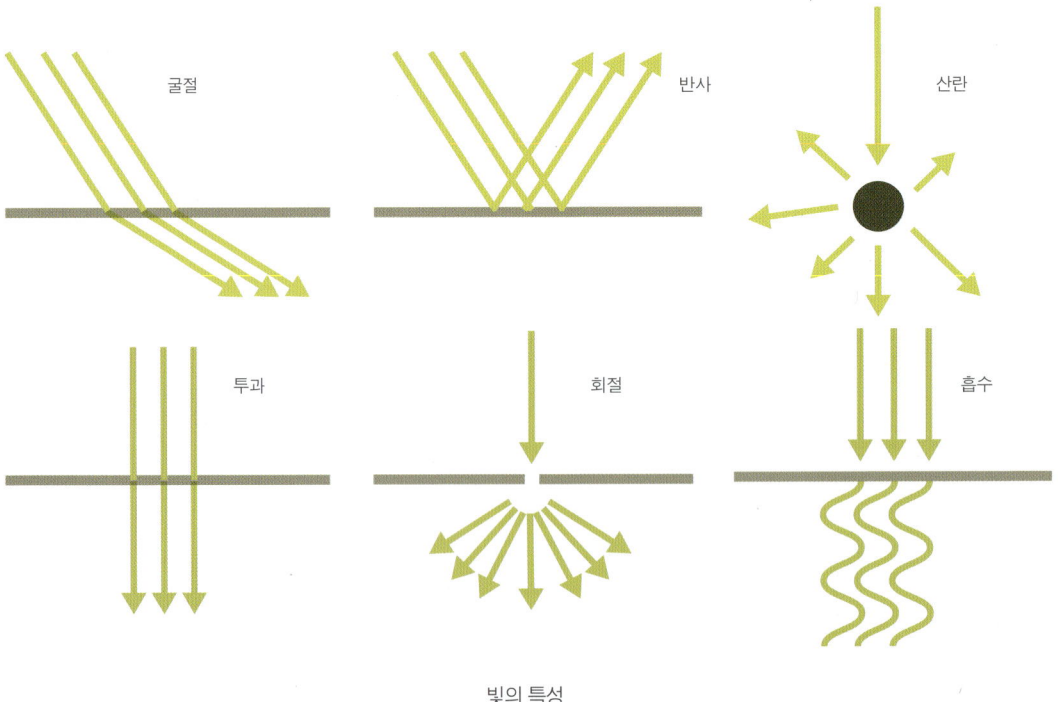

빛의 특성

도(c)를 굴절률로 나눈 값으로 '$v = \dfrac{c}{n}$'입니다. 따라서 굴절refraction은 빛이 다른 매질로 들어갈 때 속도가 변화되면서 꺾이는 현상이며, 스넬의 법칙Snell's law으로 설명됩니다. 스넬의 법칙은 빛이 서로 다른 매질의 경계면에 비스듬히 입사할 때 입사각과 반사각 그리고 굴절각 들 간의 관계를 나타내는 식으로, 굴절이 일어나는 정도는 각각의 굴절률이 아닌 두 매질의 굴절률의 비에만 의존한다는 점을 강조하고 있습니다. 물론 빛은 매질에 반사reflection되기도 하고, 투과transmission되기도 하며, 흡수absorption되기도 합니다.

반사는 빛이 물질 표면에서 반대 방향으로 진행하는 것이고, 투과는 빛의 에너지인 광자photon의 에너지가 물질의 금지대 폭band gap 에너지보다 작아서 통과하는 것이며, 흡수는 광자의 에너지가 금지대 폭 에너지와 같거나 클 때 발생합니다. 빛이 좁은 틈을 통과하면 빛의 파동이 그 뒤편으로 전달되면서 퍼지는 현상이 생기는데, 이를 회절diffraction이라고 합니다. 우리말로는 '에돌이'라고 하죠. 회절은 빛이 장애물을 만나면 일어나는 다양한 현상들로 빛뿐만 아니라 물결파, 음파 등 모든 파동에서 일어납니다. 다만, 파장이 틈의 간격에 비해 클수록 더 많이 일어나게 되죠. 두 개 이상의 빛이 만나게 되어 발생하는 간섭interference도 회절의 일종으로 보기도 합니다. 간섭이 일어난 빛은 상쇄 또는 소멸destructive되기도 하고 보강constructive되기도 하죠. 빛의 산란scattering은 물질의 표면과 충돌한 빛이 다양한 방향으로 갈라져서 진행하는 현상입니다. 이상과 같이 빛과 물질과의 상호 작용은 여섯 가지, 즉 굴절, 반사, 산란, 투과, 회절, 흡수로 구분됩니다.

다음으로 빛을 생성하는 광원을 보죠. 앞서 설명한 바 있지만, 빛을 내는 방식에는 2가지가 있습

열 복사 흑체 복사

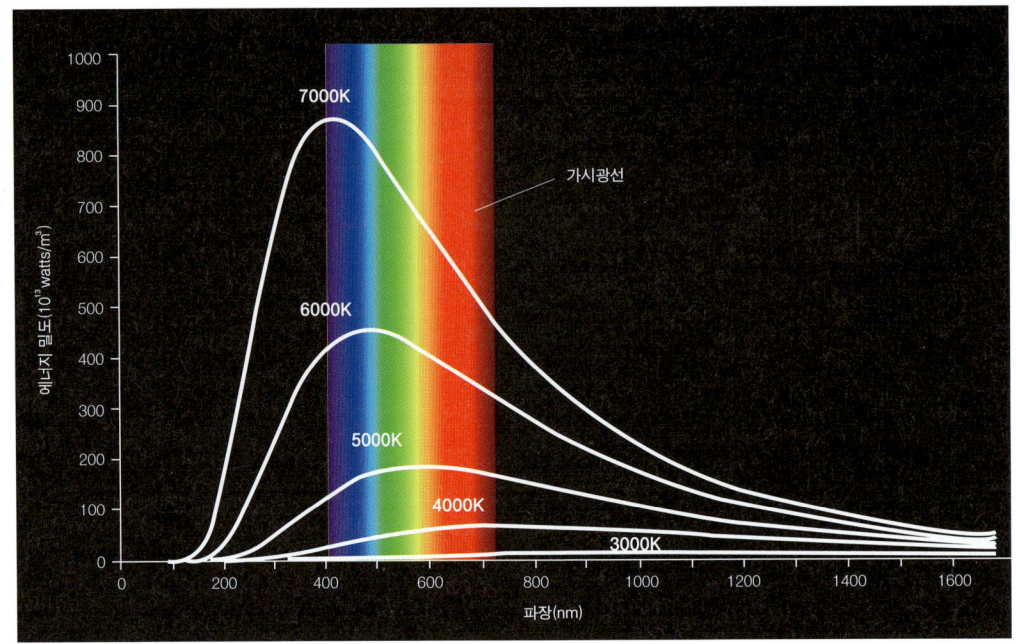

흑체 복사 스펙트럼

니다. 즉, 열 복사thermal radiation와 발광luminescence이죠. 열 복사는 물체의 온도가 올라가면 빛이 만들어지는 현상입니다. 예를 들어, 태양의 표면 온도는 6,000K 정도로 가시광선이 많은 전자기파를 발생하며, 이보다 온도가 낮은 백열등에서 나오는 전자기파는 10% 정도가 가시광선이고 나머지는 적외선 영역입니다. 보통 흑체 복사 스펙트럼이라는 표현을 쓰는데, 흑체black body는 외부로부터 오는 빛을 완전히 흡수하였다가 다시 방출하는 물체입니다. 물론 실존하지 않은 가상형 물체이지만, 흑체와 유사한 물질들은 종종 있습니다. 밤하늘의 별들이 대표적이죠. 흑체 복사 스펙트럼은 이런 흑체의 온도 변화에 따라 방출되는 빛의 스펙트럼을 말하는데, 낮은 온도에서는 적외선 영역의 빛이 나오고, 온도가 올라갈수록 짧은 파장 쪽으로 이동하여 파란색 그리고 자외선 영역으로 들어갑니다. 즉, 빨간색보다 파란색의 불이 더 뜨겁죠.

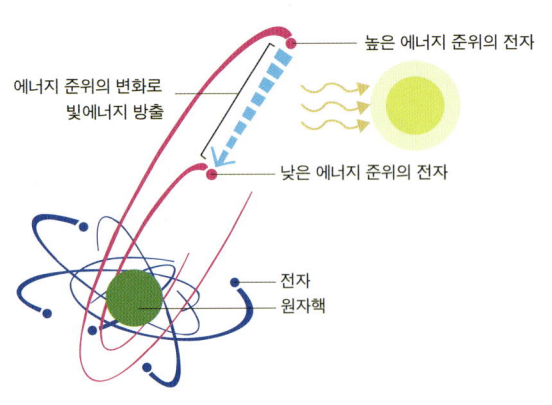

발광의 원리

발광은 높은 온도 상태가 아니라, 낮은 온

도에서도 외부로부터 공급된 에너지가 빛에너지로 변환되는 것을 말합니다. 공급 에너지가 물질의 금지대 폭 에너지보다 클 경우, 물질을 구성하는 원자들이 여기excitation되었다가 다시 원래 상태로 돌아오면서 빛을 만들어내는데, 이때 빛의 파장은 금지대 폭의 에너지에 의해 결정됩니다. 이러한 발광light emission 현상은 여기 에너지에 따라 다양하게 구분되는데, 특히 음극선, 전기장, 광자 에너지를 사용한 경우를 각각 음극 발광CL, 전계 발광EL, 광 발광PL이라고 하여, '디스플레이 이야기' 1권에서 디스플레이의 동작 원리로 소개한 바가 있습니다. 발광은 다시 2가지로 구분되는데, 형광fluorescence과 인광phosphorescence입니다. 즉, 전자가 에너지를 받아 높은 에너지 준위로 올라갔다가 바로 낮은 준위로 내려오면서 빛을 내는 것이 형광이고, 높은 준위로 올라간 전자가 또 다른 높은 준위로 이동 후 낮은 준위로 내려오면서 빛을 내는 것이 인광입니다. 형광의 경우 에너지 방출 시

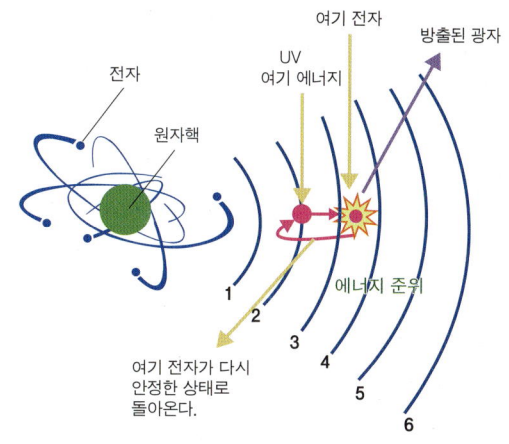

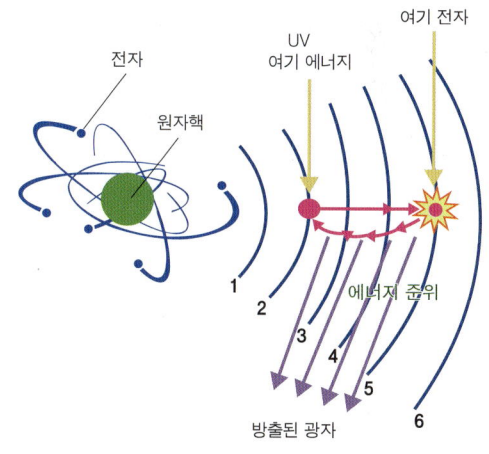

형광(위)과 인광(아래)의 원리

간이 마이크로, 나노 초 정도로 매우 짧은 반면에 인광의 경우는 밀리 초 또는 수 초 이상으로 긴 편입니다. 그밖에도 자연에서 얻을 수 있는 생물, 화학 발광원들, 즉 반딧불이나 플랑크톤 등도 흥미로운 광원들입니다.

더 생각해보기

- 빛, 전기장, 자기장, 이 3각관계에 대해서 말해 볼까?
- 빛의 파동성과 입자성, 각각의 특징에는 어떤 것들이 있을까. 그 일례들도 함께 생각해 보자.
- 빛을 연구하고 실험한 과학자, 한 분이라도 그 자취를 깊이 따라가 볼까?

수식으로 원리를 잡다!

빛의 에너지와 파장
Energy & Wavelength

$$E = h\nu = \frac{hc}{\lambda}$$

$\lambda \uparrow \nu \downarrow$
$\lambda \downarrow \nu \uparrow$

$\nu = \frac{c}{\lambda}$

E : 광자의 에너지 [J or eV] $1eV = 1.6 \times 10^{-19} J$
h : 플랑크상수 ($6.626 \times 10^{-34} [J \cdot s]$)
ν : 광자의 주파수 [Hz or 1/s]
c : 빛의 속도 [m/s]
λ : 광자의 파장 [m]

Photon ν (Frequency)

- 광자의 주파수를 알면 에너지를 알 수 있다!

If) 초록색 빛의 파장 ≈ 500 nm

$$E = \frac{hc}{\lambda} \approx \frac{1240 \, eV \cdot nm}{500 \, nm} \approx 2.5 \, eV$$

당연히! 광자의 에너지를 알고 있으면?
주파수 (파장)를 구할 수 있다!

edited by Xing

광전효과 Photoelectric effect

$$E = h\nu = \phi + E_k = h\nu_0 + \frac{1}{2}mv^2$$

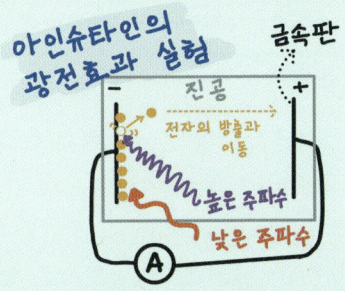

아인슈타인의 광전효과 실험

$\phi = h\nu_0$

$E_k = E - \phi = h\nu - h\nu_0$

- 아인슈타인의 광전효과 실험은 광자의 존재를 증명했다.

- 빛에 의해 금속판에서 방출되는 전자의 수는 진동수에 비례한다.

- 일함수보다 큰, 즉, 문턱 주파수보다 높은 주파수의 광자는 전자를 방출시키고 낮은 주파수의 광자는 전자를 방출시키지 못한다.

E : 광자의 에너지 [J or eV]
h : 플랑크상수 (6.626×10^{-34} [J·s])
ν : 광자의 주파수 [Hz or 1/s]
ν_0 : 문턱 주파수 [Hz or 1/s]
ϕ : 일함수 [J or eV]
E_k : 전자의 운동에너지 [J or eV] (금속판에서 광자에 의해 튀어나온)
m : 전자의 질량 [kg]
v : 전자의 속도 [m/s]

edited by Xuy

파동, 전자기파

빛은 전자기파입니다. 그런데 전자기파는 파동들 중의 하나일까요? 물리학에서의 파동^{wave}은 일반적으로 운동이나 에너지가 매질을 통해 전달되는 현상입니다. 에너지는 시간이 지나면 공간으로 퍼져 가지만, 매질 자체는 운동을 매개할 뿐 이동하지 않습니다. 매개는 중간에서 양측의 관계를 이어 준다는 뜻이죠. 전자기파는 매질 없이 전달됩니다. 그리고 양자역학에서의 파동성은 모든 물질의 기본적인 성질이며, 매질 없이 정의되는 기본 개념이기도 하죠. 그래서 파동을 '임의의 물리량이 주기적으로 변하면서 그 변화가 공간을 따라 전파되는 것'이라고 표현하는 것은 적절합니다.

파동을 분류하는 법도 다양하죠. 먼저 매질 유무에 따라 분류할 수 있습니다. 수면파, 음파, 지진파 등은 매질이 필요하며, 이를 역학적 파동으로 구분합니다. 이에 대응하는 것이 전자기 파동, 즉 전자기파이며, 이는 매질 없이 진행합니다. 가시광선을 중심으로 파장이 짧은 자외선, X선, 감마선 등과 파장이 긴 적외선, 마이크로파, 라디오파 등이 여기에 속하죠. 우리가 흔히 '빛'이라 함은 가시광선을 말하는데, 넓게는 전자기파 전 영역을 의미하기도 합니다. 진동 방향에 따라 분류하기도 합니다. 진행 방향과 수직으로 진동하는 파를 횡파$^{transverse\ wave}$라 하며, 전자기파, 현의 파동, 지진

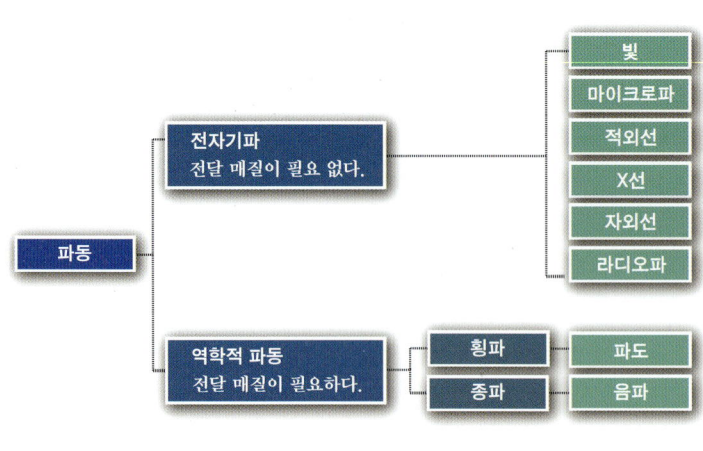

파동의 분류

의 S파 등이 이에 해당하죠. 종파 longitudinal wave는 진행 방향과 나란하게 진동하는 것으로, 예를 들어 음파가 대표적이며 지진의 P파 등이 있습니다. 그 밖에도 파동의 전진 여부, 파면의 형상 등에 따라 분류할 수 있습니다.

따라서 전자기파는 매질이 필요 없는 전자기 파동이며, 전기장과 자기장이 진행 방향에 대해 수직으로 진동하면서 진행하는 횡파입니다. 두 개의 장은 수직으로 위치하고, 진공 내에서는 빛의 속도를 가지죠. 매질이 바뀌면 빛의 속도도 달라집니다. 즉, 이는 굴절률(n)로 표현되는데, 특정 매질에서의 빛의 속도(v)는 진공에서의 빛의 속도(c)를 굴절률로 나눈 값, '$v = \dfrac{c}{n}$'입니다. 이러한 전자기파는 진동수가 크거나 작은 순서에 따라 스펙트럼을 이루며, 감마선·X선·자외선·가시광선·적외선·마이크로파·라디오파 순으로 파장은 길어지고 진동수는 짧아집니다. 즉, '파장=빛의 속도(c)/진동수(f)'의 관계를 따르죠. 전자기파의 양자 quantum(에너지의 최소 단위)는 광양자 light quantum 또는 광자 photon이며, 광자는 질량은 없지만 중력의 영향을 받습니다. 양자역학에서 전자기파는 광자들로 이루어지며, 광자들의 에너지는 각각 양자화되어 있고, 진동수가 클수록 에너지도 커집니다. 이는 플랑크 방정식인 '에너지=플랑크상수×진동수'로 표현되죠. 예를 들어, 감마선의 광자는 가시광선의 광자보다 10만 배가 큰 에너지를 전달합니다.

한때는 가시광선만 빛이라고 생각했지만, 이제 빛은 전자기파의 모든 영역으로 받아들이고 있습니다. 전자기파는 파장 대역별로 구분, 분류하고 있는데, 짧은 파장 대역은 광자의 에너지를 이용하여 깊이 침투하거나 대상을 투과하는 검사나 의료 분야에 이용하며, 긴 파장 대역은 파동의 전달을 통해 손실 없이 멀리 나아가는 통신 분야 등에 이용하면서 다양한 분야에 걸쳐 인류 생활에 큰 도움을 주고 있습니다. 이를 간단히 정리해 보죠.

감마선은 대략 10pm 이하의 파장으로, 원자핵 내의 에너지 변화에 의해서 방출되며 파장이 가장 짧고 에너지는 가장 높습니다. 우리가 잘 아는 마블 코믹스의 만화 캐릭터인 헐크를 탄생시킨 전자기파죠. 실제로 이 감마선은 방사선 효과 연구나 의료 분야의 연구에 사용됩니다. X선은 대략 10pm~10nm 범위의 파장으로, 1895년 뢴트겐 Wilhelm Konrad Röntgen이 발견하였죠. 처음 발견 당시에는 원인을 규명할 수 없다는 뜻으로 X선이라고 명칭하였는데, 지금은 의료용 영상 촬영이나 물체의 비파괴 검사 등에 활발히 사용되고 있습니다. 자외선은 대략 1nm~400nm 범위의 파장으로, 보라색 가시광선을 넘어서는 빛, UV UltraViolet라고 부릅니다. 피부가 그을리는 원인이 되고 피부암을 유발하기도 하지만, 살균 작용이 강해 일상에서 세척용으로 유용합니다. 가시광선은 대략 380nm~750nm 범위의 파장으로, 눈으로 볼 수 있는 빛입니다. 이를 통해 일상에서 사물, 자연 등의 모양과 색을 인지할 수

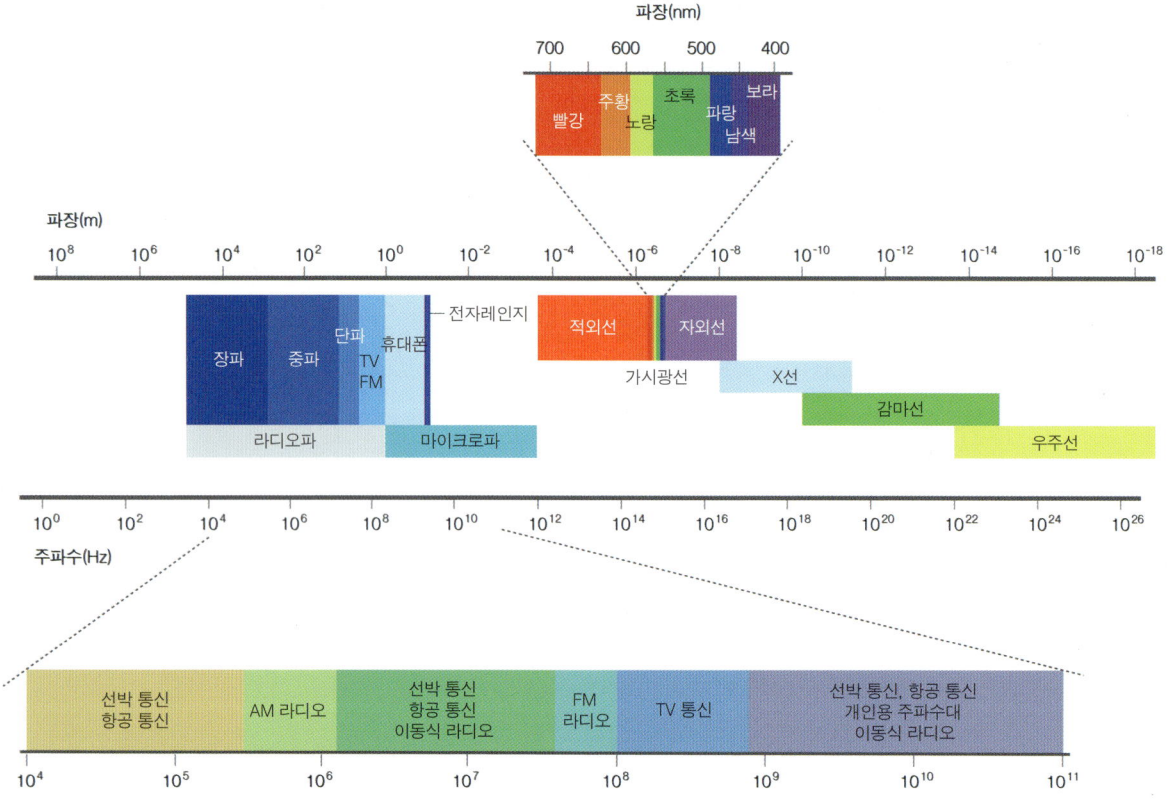

파장에 따른 전자기파 분류

있으며, 디스플레이의 영상도 즐길 수 있죠.

적외선은 대략 780nm~1mm 범위의 파장으로, 긴 파장 쪽에서 보면 빨간색 가시광선의 안쪽, IR^{InfraRed}로 부르며 열 작용이 강해 열선^{thermal light}으로도 불립니다. 가시광선 쪽에서부터 볼 때, 근적외선·중적외선·원적외선으로도 구분하죠. 열을 지닌 물체의 탐지, 근육의 치료, 레이저 빔, 가시광선 없는 환경에서의 영상 센서 등 다양한 분야에서 사용 중입니다. 마이크로파는 대략 1mm~1m 범위의 파장으로, 생활에 밀접한 가전 기기, 전자레인지, 휴대폰 그리고 여러 통신 분야, 레이더 등에 이용됩니다. 주파수 대역으로의 범위는 300MHz~300GHz 정도에 해당합니다. 라디오파는 대략 1m~수천 km 이상의 파장으로, 에너지가 낮은 대신에 잡음에 강해 멀리까지 전파되어 라디오나 TV 등에 활용됩니다. 무선통신 분야에 가장 널리 쓰이는 극초단파^{Ultra High Frequency, UHF} 대역은 300MHz~3GHz로, 파장으로는 10~1m에 해당하죠. 지구의 대기층을 통과할 수 있는 영역이 파장으로는 1cm~11m, 주파수로는 27MHz~30GHz인 점에서 무선통신 분야에 쓰이는 이유가 됩니다. 이제는 전자기파 중에서도 극히 일부이며 디스플레이와 직결되는 빛, 즉 가시광선으로 이야기 범위를 좁혀 보죠.

더 생각해보기

- 파동, 우리 주변에는 어떤 것들이 있을까?
- 파동의 성격은 어떤 파라미터들로 특정 지을 수 있을까?
- 전자기파는 어떤 특징을 가진 파동일까. 어떤 점이 특이할까?

수식으로 원리를 잡다!

수소 원자에서 방출되는 빛과 에너지

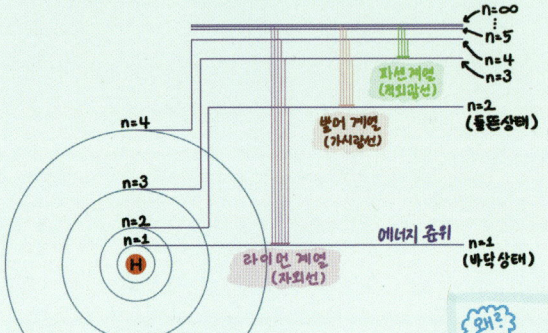

수소원자의 n^{th} 궤도의 에너지

$$E_n = -R_H\left(\frac{1}{n^2}\right)$$

R_H : Rydberg 상수 = $2.18 \times 10^{-18} J$
n : 주양자수 ($n = 1, 2, 3, \cdots$)

왜? E_n 공식에 마이너스가 붙었을까?

A. 전자가 가장 들뜬 상태, 즉 $n=\infty$의 에너지 준위를 '0'으로 기준 삼았기 때문이다. '0'보다 안정한 상태, 즉 0보다 작은 값은 마이너스(-)이므로, 각 오비탈 에너지 준위는 음수 값을 가진다.

 수소 원자에서 전자가 $n=3$에서 $n=2$로 전이될 때, 방출되는 빛의 에너지와 파장을 구하시오.

A: $\Delta E = R_H\left(\frac{1}{n_i^2} - \frac{1}{n_f^2}\right) = 2.18 \times 10^{-18} J \times \left(\frac{1}{3^2} - \frac{1}{2^2}\right)$

$= -3.03 \times 10^{-19} J \times \frac{6.24 \times 10^{18} eV}{1J}$

$= -1.89 eV$

$\Delta E = h\nu \rightarrow \nu = \frac{\Delta E}{h} \rightarrow \lambda = \frac{c}{\nu} = \frac{hc}{\Delta E}$

$\lambda = \frac{hc}{\Delta E} = \frac{(6.63 \times 10^{-34} J \cdot s) \cdot (3.00 \times 10^8 m/s)}{3.03 \times 10^{-19} J} = 656 nm$

$\nu = \frac{\Delta E}{h} = \frac{3.03 \times 10^{-19} J}{6.63 \times 10^{-34} J \cdot s} = 4.57 \times 10^{14} Hz$

ΔE : 에너지 차이 [eV]
R_H : Rydberg 상수 ($2.18 \times 10^{-18} J$)
n_i : 이동하기 전의 전자가 존재하는 에너지준위
n_f : 이동한 후의 전자가 존재하는 에너지준위
h : 플랑크상수 ($6.63 \times 10^{-34} J \cdot s$)
ν : 주파수 [Hz]
λ : 파장 [nm]

J.Y.P.

햇빛, 가시광선

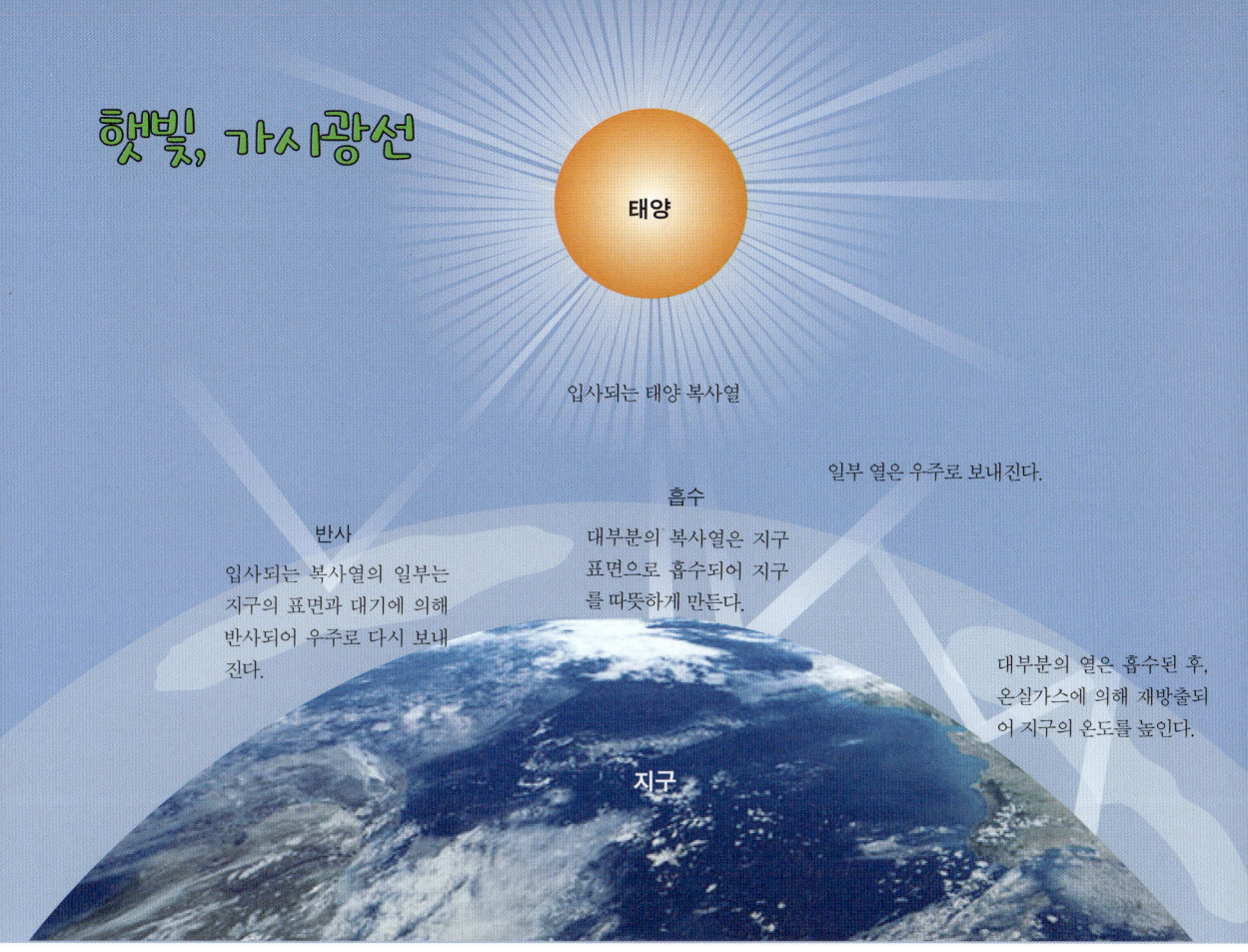

태양

입사되는 태양 복사열

일부 열은 우주로 보내진다.

반사
입사되는 복사열의 일부는 지구의 표면과 대기에 의해 반사되어 우주로 다시 보내진다.

흡수
대부분의 복사열은 지구 표면으로 흡수되어 지구를 따뜻하게 만든다.

대부분의 열은 흡수된 후, 온실가스에 의해 재방출되어 지구의 온도를 높인다.

지구

    가시광선, 한문 풀이 그대로 '볼 수 있는 빛'입니다. 즉, 인간의 눈으로 볼 수 있는 전자기파 영역으로, 대략 750nm부터 380nm까지의 파장 대역(RGB 순서로)입니다. 그리고 녹색에 해당하는 555nm에서 가장 잘 보이죠. 지구에 도달하는 햇빛의 절반 정도는 가시광선이고, 나머지 절반은 적외선과 자외선입니다. 좀 더 정확히 표현하자면, 지구에 도달하는 햇빛 에너지 '1,004W/m^2' 중에서 가시광선이 '445W/m^2', 적외선이 '527W/m^2', 자외선이 '32W/m^2'에 해당합니다.

    한낮의 해는 너무 밝아서 색을 분간하기가 어렵지만, 프리즘을 통과하면서 유리 내에서 속도의 차이로 인해 무지개 색을 드러냅니다. 예를 들어, 진공에서의 빛의 속도는 299,792km/sec이지만 유리 안에서는 빨강(650nm)은 197,948km/sec, 보라(400nm)는 195,840km/sec입니다. 진공에서의 빛의 속도를 유리에서의 빛의 속도로 나눈 값이 굴절률에 해당하죠. 물론 보랏빛이 속도가 더 떨어지므로 굴절률이 크고 따라서 더 많이 꺾이게 됩니다. 비가 그친 후, 대기에 남아있는 작은 물방울들도 프리즘

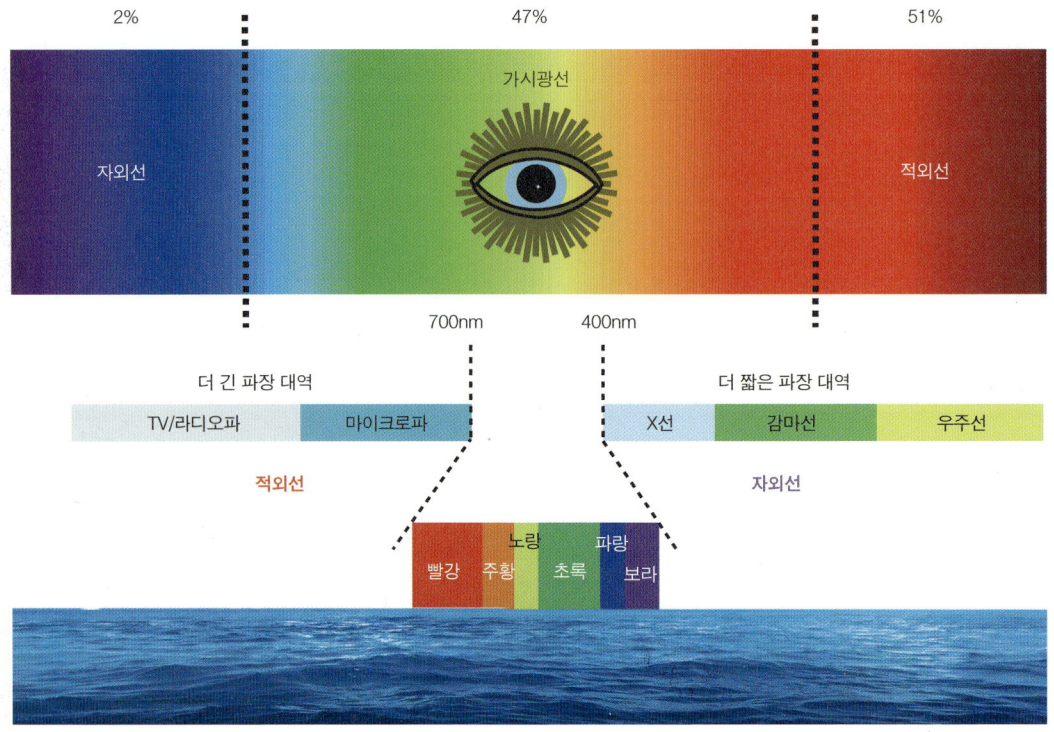

가시광선 분리

역할을 하여 두 번 굴절을 하며 무지개를 만드는데, 굴절이 네 번 일어나게 되면 쌍무지개가 뜹니다. 쌍무지개는 빛의 손실로 조금 덜 밝고 색상도 반대로 나타나죠. 이는 물방울 프리즘에서 굴절 각도를 따라 선을 그려 보면 알게 됩니다. 아이작 뉴턴은 빛을 빨-주-노-초-파-남-보 7가지 색으로 구분하였는데, 그가 살던 시기에는 7(seven)이 완전한 수였다고 합니다.

실로 이보다 더 잘게 나눌 수도 있지만, 여기서는 남색을 파랑과 보라가 나누어 포함하도록 해 보죠. 그럼 6개로 구분되어 색과 파장 그리고 이를 진동수와 광자의 에너지로 환산한 값들을 적어 볼 수 있습니다.

- 빨강: 750~620nm(656nm, 가장 강하게 느끼는 파장) 구간으로, 진동수는 400~484THz, 광자 에너지는 1.60~2.00eV이다.
- 주황: 620~590nm(600nm) 구간으로, 진동수는 484~508THz, 광자 에너지는 2.00~2.10eV이다.
- 노랑: 590~570nm(587nm) 구간으로, 진동수는 508~526THz, 광자 에너지는 2.10~2.17eV이다.

- 초록: 570~495nm(555nm) 구간으로, 진동수는 526~606THz, 광자 에너지는 2.17~2.50eV이다.
- 파랑: 495~450nm(454nm) 구간으로, 진동수는 606~668THz, 광자 에너지는 2.50~2.75eV이다.
- 보라: 450~380nm(410nm) 구간으로, 진동수는 668~789THz, 광자 에너지는 2.75~3.26eV이다.
- 가시광선 영역의 모든 파장을 다시 합해 보면 흰색으로 나타난다.

당연히 동물도 빛을 볼 수는 있죠. 볼 수 있는 파장 대역이 인간과는 약간 다를 뿐입니다. 예를 들면, 벌은 꿀을 가지고 있는 꽃을 찾기에 유리한 자외선 대역을 볼 수 있고, 개와 고양이 역시 자외선을 일부 볼 수 있는 것으로 보고되고 있습니다. 하지만 넓고 넓은 전자기파의 파장 영역에서 인간과 동물이 볼 수 있는 파장대는 아주 좁은 영역에 불과합니다. 그 이유는 태양의 흑체 복사, 즉 복사(방사) 에너지에서 찾아야 할 듯합니다. 태초에 지구의 전자기파는 대부분 태양으로부터 얻어졌으며, 태양의 복사 에너지 스펙트럼은 250nm에서 2,500nm까지의 범위에 있으며, 특히 가시광선 파장 대역에서 가장 높습니다. 이는 지구상에서 빛으로 얻을 수 있는 정보들의 파장 대역입니다. 즉, 지구에는 자외선, 가시광선, 적외선 영역이 존재하였고 나머지 파장 영역은 감지할 이유가 없었던 거죠. 그래서 본래의 포유류는 자외선까지도 볼 수 있는 4가지 색각을 가졌는데, 중생대를 지나면서 야행성으로 살아갔고, 이 환경에서 2가지 색각이 퇴화되어 적록 색맹이 되었답니다. 신생대가 되어 포유류가 살기 좋아지면서, 특히 나무 위에서 생활하였던 영장류는 열매들을 찾고, 또 잘 익었는지를 판단하는 능력이 중요해져 염색체 변이를 통해 눈이 진화되면서 다시 3색각을 가지게 되었습니다. 이로서 영장류는 대부분 세 가지 색을 감지하는 능력이 있게 되죠. 외려 인간이 3색각의 유용성에 대한 절실함이 떨어져, 다른 유인원보다도 색맹이 많은 편이랍니다. 자외선 영역의 빛은 각막에서 차단되어 망막에는 거의 이르지 못하는데, 각막을 제거하면 청백색을 느끼게 됩니다. 이는 3종류의 원추세포들이 비슷한 감도로 자외선에 반응하기 때문이죠.

한낮의 해는 너무 밝아서 눈으로 볼 수 없지만, 떠오르는 해와 지는 해는 우리가 감상할 수 있습니다. 즉, 정오의 햇빛은 대기층을 수직으로 관통하지만, 일출과 일몰에서의 햇빛은 더 긴 거리의 대기층을 지나서 우리에게로 오죠. 대기층의 두께를 100km로 가정하고, 여기에 지구 반지름인 6,371km를 고려하여 계산해 보면 지평선에 걸친 해로부터 오는 빛은 1,100km에 이르는 대기층을 지나야 합니다. 정오의 햇빛에 비해 일출이나 일몰의 햇빛이 11배나 두꺼운 대기층을 통과하게 되죠. 그러면서 빛은 공기 분자들에 의해 산란도 되고 흡수도 됩니다. 당연히 우리 눈으로 오는 빛의 세기는 감소하며, 파장이 길수록 산란이 되는 정도가 덜하여 붉게 떠오르는 태양 그리고 검붉은 황혼을 보게 됩니다.

    햇빛은 대기층을 통과하는 동안 무수히 산란되며, 산란된 빛들은 사방으로 퍼져 나가면서 하늘을 또 하나의 조명으로 만듭니다. 그리고 파장이 짧은 빛은 더 많이 산란되고 결국은 더 멀리까지 하늘 전체로 퍼져 나가죠. 이를 설명하는 이론이 '레일리 산란 Rayleigh scattering'입니다. 빛의 파장보다 훨씬 작은 입자들에 의한 빛의 산란을 설명하는 이론으로, 빛의 파장이 짧은 입자들을 만날 경우 모든 방향으로 탄성 산란, 즉 에너지 교환이 거의 일어나지 않는 산란이 일어나죠. 햇빛은 수백nm의 파장, 공기 분자의 크기는 1nm에도 못 미칩니다. 결과만 보면, 빨간 빛에 비해 파란 빛은 3.5배 더 산란이 됩니다. 그래서 맑은 날, 구름 없는 하늘은 끝도 없는 파란색입니다. 구름을 이루는 수많은 작은 물방울의

크기는 가시광선 파장의 수십 배에 이릅니다. 이 경우에는 가시광선의 모든 빛들이 별 차이가 없이 산란됩니다. 구름이나 안개가 하얀 이유이죠. 그리고 구름의 색깔을 통해 햇빛의 색깔도 하얗다는 것을 알 수 있습니다. 이 글을 쓰는 지금, 우리 집 테라스에서 보이는 북한산 위의 파란 하늘과 하얀 구름이 눈부십니다. 햇빛의 산란이 만들어낸 풍경. 이러한 가시광선을 디스플레이는 만들어냅니다. 적외선도 아니고 자외선도 아닌. TV를 보면서 몸을 데우거나 선탠을 할 이유는 없겠죠. 이제 빛과 색으로 갑니다.

더 생각해보기

- 우리에게 도달하는 햇빛은 어떻게 이루어져 있으며, 각각을 우리는 어떻게 이용할까?
- 빛은 파동이므로 파장이 있고, 파장은 에너지가 있어 입자이다. 이를 조금 더 상세히 풀어 볼까?
- 자연의 일상에서 보이는 수많은 색깔들, 즉 빨간 단풍잎, 파란 하늘, 초록 풀잎, 투명한 이슬 등을 빛으로부터 생각해 보자.

가시광선 생각

빛의 영역에서
가시광선 영역은
일부분이지

시간 영역에서
우리네 인생이
짧듯이

그 짧은 순간마저
자기 색깔이 없다면
얼마나 슬픈 일이겠어

Visible light
a portion of the spectrum having
wavelength in the range of 380~750nm that
can be perceived by the human eye
over the whole(infinite) scope of electromagnetic wave

빛과 색 그리고 디스플레이의 화소

빛에서 색이 만들어지는 과정을 생각해 보죠. 먼저 모든 색깔을 포함한 햇빛이나 조명에서 나온 하얀 빛이 사물에 닿고, 이로부터 특정 파장의 빛이 반사가 되어 눈으로 들어오면 우리는 그 파장에 해당하는 색을 느끼게 됩니다. 모든 빛을 반사하면 흰색, 반사되는 빛이 없을 경우에 모든 빛을 투과하면 투명, 흡수하면 검은색으로 느끼죠. 햇빛은 흰색이지만, 만일 광원이 흰색이 아닌 특정 색을 가진 빛을 내는 경우에는 물체의 색도 변합니다. 빛을 만든다는 의미에서는 디스플레이도 광원입니다. 다만, 물체를 비추기 위한 빛이 아니라 우리가 보고 정보를 얻기 위한 빛, 즉 영상을 만들어내죠. 그리고 디스플레이는 원색을 만드는 것에서부터 시작합니다.

원색primary color은 색을 혼합하여 모든 색들을 만들 수 있는, 서로 독립적인 색을 말합니다. 독립적이라 함은 서로가 서로를 절대 만들 수 없다는 것을 의미합니다. 즉, 3원색의 경우 2개의 색을 혼합해도 남은 1개의 색을 만들 수 없다는 의미가 되죠. 빛의 3원색은 빨강(R), 초록(G), 파랑(B)으로 가산 혼합additive color mixture에 해당합니다. 즉, 색들을 혼합하여 섞을수록 더 밝아집니다. 반대로 색의 3원색은 섞을수록 더 어두워지는 감산 혼합이죠. 참고로 주황, 보라, 노랑도 다른 색들을 조합해서 만들 수 없지만, 시각기관이 빨강, 초록, 파랑에 해당하는 파장대에 민감하게 반응하기 때문에 RGB를 빛의 3원색으로 정의합니다.

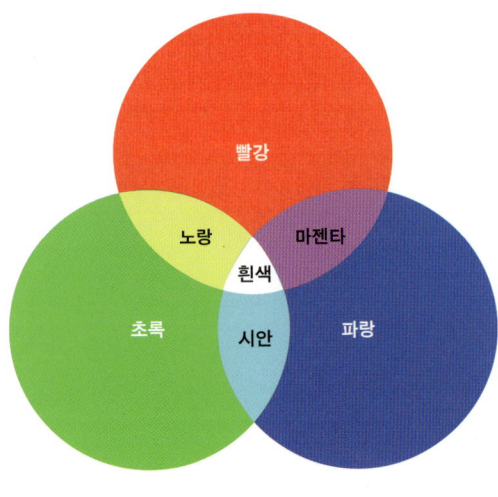

빛의 3원색

3개의 원 → 3원색
컴퓨터와 TV의 디스플레이에서 보이는 색깔은 빨강, 초록, 파랑의 'RGB' 시스템에 의해 나타난다.

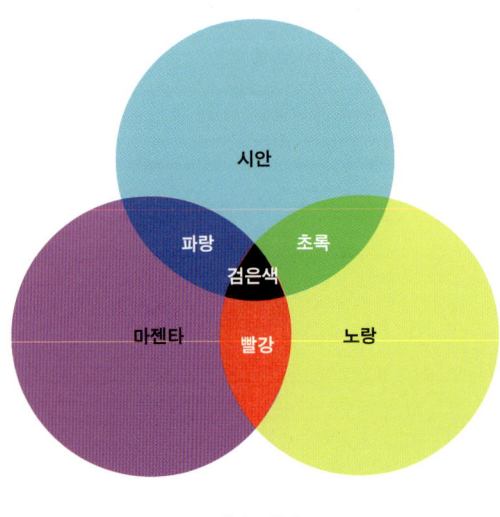

색의 3원색

　　디스플레이는 RGB 3원색의 가산 혼합으로 서로 다른 색들을 만들어 가는데, 이는 화면의 기본 단위인 화소에 해당합니다. 화소는 한문으로 '그림 단위'를 뜻하며, '그림'의 picture와 '단위'의 element, 즉 picture element로부터 픽셀pixel이라는 단어가 나온 거죠. 그리고 RGB 화소 안에서 R 영역, G 영역, B 영역을 따로 구분하여 부화소sub-pixel라고 합니다. 간혹 밝기를 증가시키기 위해 하얀색을 내는 W(white) 부화소가 추가되기도 합니다. 각 부화소들에서 나오는 RGB의 밝기를 조절하면서 다양한 밝기들 다양한 색들을 만들어내죠. 그리고 이러한 화소들이 2차원적으로 배열되어 모자이크처럼 영상을 구현합니다.

　　이러한 개념으로 그려진 그림도 있죠. 19세기 후반의 점묘화 기법pointillism으로, 작은 점들을 찍어서 그림으로 표현하였습니다. 조르주 쇠라Georges Pierre Seurat와 폴 시냐Paul Signac 등이 대표적인 화가들이죠. 여기에서도 화소의 개념을 알 수 있습니다. 만일 디스플레이 화면의 크기가 같다면, 화소의 수가 많을수록 화소의 크기가 작아지면서 영상을 더욱 섬세하게 표현할 수 있겠죠. 그래서 디스플레이의 해상도는 화소의 수로 결정됩니다. 즉, 동일한 면적에 얼마나 많은 화소들이 포함되느냐가 고해상도의 중요한 척도가 되는 것입니다. 이는 PPIPixels Per Inch로 확인이 가능한데, PPI는 1인치 안에 들어오는 화소의 수를 의미합니다. PPI가 높을수록 표현할 수 있는 화소 수가 많아지고 더 세밀한 이미지 표현이 가능해지죠. 결국 디스플레이에서는 RGB 3원색을 내는 3개의 부화소들이 모여서 화소를 이루고, 이 화소들이 2차원적으로 모여서 화면을 만들어냅니다. 부화소들 각각은 독립적으로 구동되면서 서로 다른 밝기의 RGB 색을 만들고, 화소는

점묘화 기법으로 유명한
조르주 쇠라의 '그랑드 자트 섬의 일요일 오후'
(캔버스에 유채, 207cm×308cm, 시카고 아트 인스티튜트)

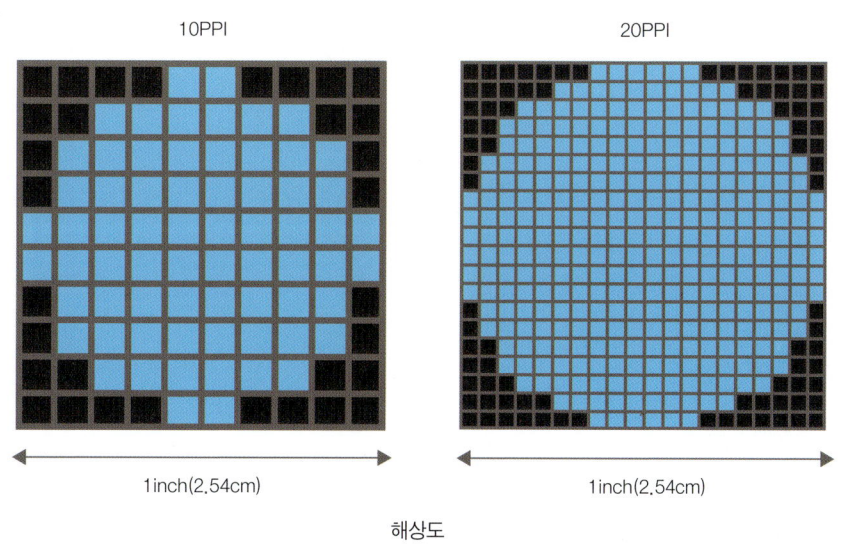

해상도

3개 부화소들의 색들이 가산 혼합되면서 다양한 색을 만들어내며, 화소마다 만들어지는 다양한 밝기, 다양한 색이 모여서 화면에 영상을 구현하죠. 이제 화면 위의 화소들이 몇 개의 색을 얼마나 만들 수 있는지, 전기 광학적으로 어떻게 구동되는지 살펴봅니다.

 **더 생각해보기**

- 빛은 어떻게 색을 만들까? 흰색, 검은색 그리고 투명한 색은 어떻게 만들어질까?
- 빛의 3원색과 색의 3원색은 왜 다를까, 어떻게 다를까?
- 디스플레이의 빛은 어떻게 색을, 영상을 만들어 갈까?

픽셀과 서브픽셀

디스플레이

픽셀

서브픽셀

- pixel(픽셀)은 picture(그림)와 element(원소)의 합성어입니다.

- 픽셀(화소)은 디스플레이(화면)의 이미지를 구성하는 최소 단위를 말합니다. 스마트폰, 모니터, TV 화면에 나타나는 이미지는 수많은 픽셀들이 모자이크처럼 집합해 하나의 큰 이미지를 형성하여 표현된 것입니다. 따라서 화면을 표현하는 픽셀 수가 많을수록 더 상세하게 이미지를 표현할 수 있습니다.

- 하나의 픽셀은 빛의 3원색인 R, G, B 값을 표현하는 서브픽셀(부화소)들로 이루어져 있습니다.

- 픽셀은 각 서브픽셀들이 표현하는 빛의 양과 색의 조합을 통해 다양하게 색을 나타냅니다.

수식으로 원리를 잡다!

Snell's Law (스넬의 법칙)

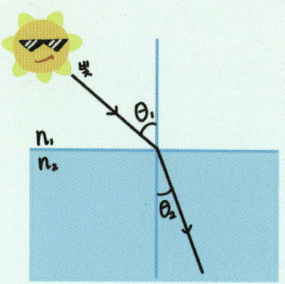

$$\frac{\sin \theta_1}{\sin \theta_2} = \frac{n_2}{n_1}$$

θ_1 : 입사각
θ_2 : 굴절각
n : 굴절률

파동(빛)이 서로 다른 굴절률을 가지는 두 매질을 진행할 때, 입사각의 사인값과 굴절각의 사인값의 비는 두 매질의 굴절률의 역수비와 같다.

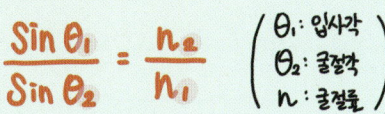

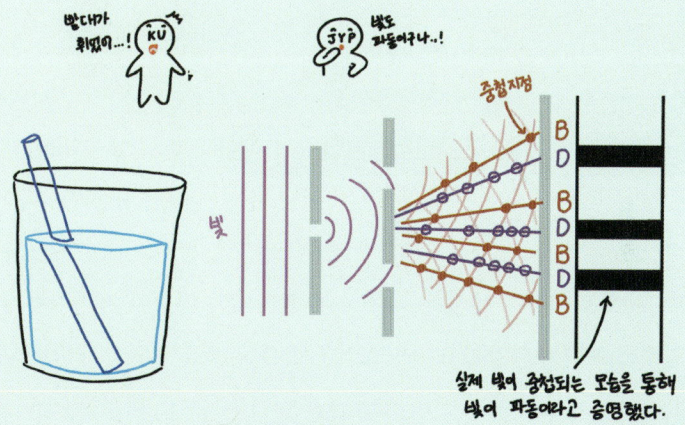

실제 빛이 중첩되는 모습을 통해 빛이 파동이라고 증명했다.

J.Y.P

화소가 만드는 색, 색의 수

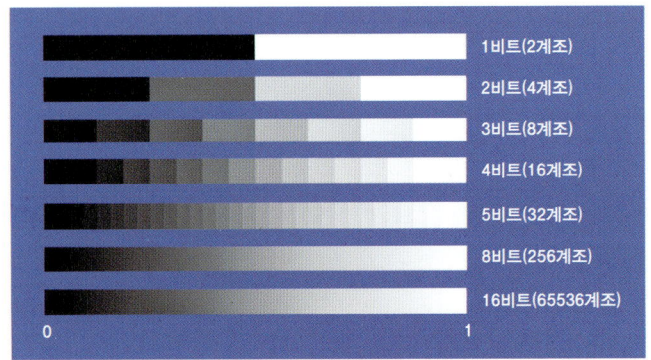

색심도

흑백 디스플레이는 블랙과 화이트 2개 또는 둘 사이의 밝기를 변화시켜 가며 몇 개의 그레이만을 표현하지만, 디자이너가 사용하는 디스플레이는 수십억 개의 색을 표현합니다. 디스플레이가 얼마나 많은 색상을 표현할 수 있는지를 나타내는 수치가 색심도 color depth, 즉 색의 깊이이며, 표현 단위로는 비트 bit를 사용합니다. 일반적으로 색심도가 낮은 디스플레이는 색과 영상이 자연스럽지 못하고, 색심도가 높은 디스플레이일수록 화면이 다양하고 자연스러운 색과 영상을 표현할 수 있습니다.

색심도의 단위인 비트의 개념부터 보겠습니다. 기본적으로 비트는 0과 1로 이루어진 디지털 정보 단위입니다. 일반적으로 0은 꺼짐(off)을, 1은 켜짐(on)을 뜻하죠. 먼저 흑백 TV를 예로 들어 보죠. 화소를 표현할 때 검은색을 0, 흰색을 1이라고 가정하면, 이 디스플레이는 화소마다 흑과 백, 2가지 색의 선택이 가능해집니다. 비트는 2진법 개념이므로 숫자 2의 제곱수를 비트 수로 이해하면 됩니다. 즉, '2의 1제곱=2'이므로 두 가지 색상을 표현할 수 있다는 뜻입니다. 따라서 흑백 TV는 색심도가 1비트인 디스플레이입니다.

이번에는 컬러 TV로 설명해 보죠. 컬러 TV는 일반적으로 R, G, B 3가지 원색을 부화소로 두고 이들의 조합을 통해 색을 표현합니다. 그러므로 기본적으로는 R이 켜지면 1, 꺼지면 0으로 놓는 2가지

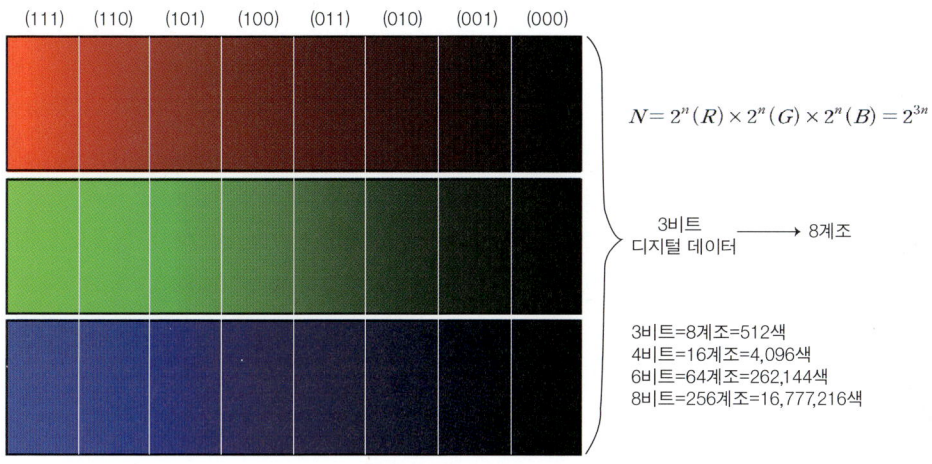

데이터 비트 수와 색의 수

옵션이 있다면 G와 B 또한 각각 2가지 옵션을 가질 수 있습니다. 이렇게 되면 '2의 3제곱=8'이 되면서 8가지 색상의 조합을 만들 수 있죠. 부화소의 비트로는 1비트이며, 화소의 비트로는 3비트가 되는 것입니다. 이때 색이 표현되는 방식을 2진법으로 설명해 보면 부화소 R=1(켜짐), G=0(꺼짐), B=0(꺼짐)으로 놓으면, 이 픽셀은 빨간색이 됩니다. R=1, G=1, B=1로 놓으면 흰색이 되고, R=1, G=1, B=0으로 놓으면 R과 G가 섞인 노란색이 됩니다. 모든 부화소를 0으로 놓으면 검은색이 되겠죠. 단순히 원색만 존재할 경우에는 위와 같이 화소당 3비트, 곧 8가지 색으로만 표현하겠지만, 부화소들은 각각의 원색마다 여러 단계로 '짙음'과 '연함'을 나눌 수 있습니다. 이를 계조^{gradation}라 합니다.

'계조'란 사전적 의미로 '이미지에서 농도가 가장 짙은 부분에서 가장 옅은 부분까지의 농도 이행 단계'를 말하는데, 쉽게 설명하면 가장 어두운(짙은) 부분과 가장 밝은(연한) 부분을 동일 간격으로 나누어 표현하는 정도를 의미합니다. 즉, 계조가 클수록 많은 색을 표현할 수 있으므로 색이 더 자연스럽게 표현됩니다. 예를 들어 3개의 부화소들, 즉 각각의 RGB 3원색에 대해 3비트의 색심도를 적용하면, 각각의 계조는 '2의 3제곱= 8'이 되고, 화소가 표현할 수 있는 색의 수는 '2의 3제곱×2의 3제곱×2의 3제곱=2의 9제곱=512개'가 됩니다. 같은 계산으로 부화소의 색심도가 8비트일 경우에는 부화소의 계조는 256이 되고, 화소가 만들 수 있는 색은 16,777,216개가 되죠. 즉, 화소가 만들 수 있는 색의

계조(gradation)

계조 표현력

계조가 적으면 이미지에 계단 현상이 나타난다.

계조가 풍부할수록 이미지를 자연스럽게 표현할 수 있다.

디스플레이에서 계조는 명도의 차이를 통한 점진적인 변화를 단계적으로 표현한 것입니다. 다시 말해, 가장 밝은 부분부터 가장 어두운 부분까지를 단계별로 나누어 표현한 것이죠. 색의 농도의 단계가 많을수록 더 상세하고 풍부한 색감을 표현할 수 있습니다.

수는 '2의 R 비트 수 제곱×2의 G 비트 수 제곱×2의 B 비트 수 제곱'으로 계산됩니다.

제품을 예로 들어 보면, S사의 'HDR10'은 색심도로 부화소 기준 10비트, '돌비 비전'은 부화소 기준 12비트의 규격입니다. 이때 'HDR10'은 1,073,741,824 약 10억 가지의 색을 표현할 수 있고, '돌비 비전'은 68,719,476,736 약 680억 가지 색을 표현할 수 있습니다. 참고로 현재 대부분의 TV, 모니터, 스마트폰 등의 디스플레이들은 부화소 8비트, 화소 24비트의 색심도를 가지며, 256계조로 약 1,677만 컬러를 표현합니다.

색심도에 따라 계조를 구현하는 방식, 즉 밝기를 등분하는 방법은 디스플레이마다 다르나 크게는 전압이나 전류 변화로 화소의 밝기를 조절합니다. 이로서 구동 방식이 결정되죠. LCD는 전압 구동형으로 전압을 변화시키면서 부화소들의 밝기를 조절하며, OLED는 전류 구동형으로 전류 변화로 밝기를 조절합니다. 이와 같이 부화소들의 밝기가 조절되고, 이에 따라 화소들의 밝기와 색이 독립적으로 조절되면서 디스플레이의 화면에는 다양한 영상들이 표현됩니다. 이제는 각 화소들이 어떻게 구동되는지 알아보기로 하죠.

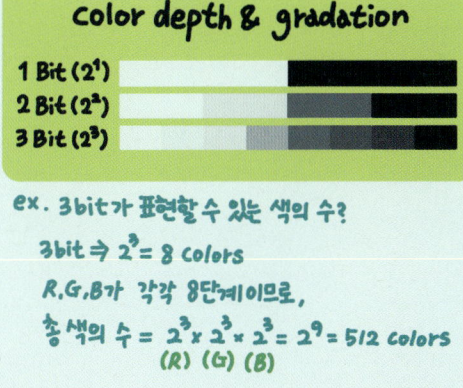

더 생각해보기
- 디스플레이가 가능한 많은 수의 색을 만들기 위해서는 어떻게 작동해야 할까?
- 자연의 모든 색, 즉 무한개의 색을 구현할 수 있는 방법이 있을까?

맥스웰 방정식 - 부부

180도가 다른 커플이
90도는 서로 양보하며
앞으로 나아가는 삶

수시로 어긋나더라도
중심은 변하지 않고
좌우로 흔들리더라도
언제나 복귀하는 삶

너의 존재가
나의 존재 이유가 되고
나의 존재가
너의 존재 이유가 되는 삶

세상의 어둠을 비추는
약한 빛이라도 되고
소외된 이들을 받치는
작은 힘이라도 되는 삶

서로 다른 두 인생이
하나임을 깨닫고
어우러져 살아가는 삶

The Maxwell-Faraday version of Faraday's law of induction describes;
how a time varying magnetic field induces an electric field.
A linearly polarized sinusoidal electromagnetic wave
propagating in the direction +z through a vacuum;
The electric field oscillates in the ±x direction,
and the orthogonal magnetic field oscillates in phase with the electric field,
but in the ±y direction.

화소들의 구동, 영상 만들기

화소들의 모임, 화면에서는 어떻게 영상이 만들어질까요? 화소들은 전기적인 신호가 인가되어야 빛과 색을 만들어냅니다. 전기적인 신호는 주로 전압(전기장)이나 전류죠. 전압이 인가되면 빛이 나오고, 전압의 크기로 밝기가 조절되면 전압 구동형입니다. 반면 전류에 의해 빛이 나오고 밝기가 조절되면 전류 구동형이죠. 전압 구동형으로는 LCD, 전류 구동형으로는 OLED가 대표적입니다. 전압이든 전류이든 간에 화소가 작동하려면 두 개의 전극이 필요합니다. 정확히는 단색의 경우에는 화소마다, 컬러의 경우에는 부화소마다 두 개의 전극이 필요하죠. 화면 위의 (부)화소들을 구동하는 방법은 크게 2가지로 나뉩니다.

화소의 두 개 전극에 각각 두 개의 도선이 연결되어서 구동되면 직접 구동 direct driving 입니다. 숫자를 표현할 수 있는 7-세그먼트 방식이 이에 해당하죠. 전자계산기의 숫자, 가전 기기의 온도, 바늘이 아닌 숫자 시계에서의 시간 표시용으로 많이 사용되는 방식으로, 7개의 구역(화소에 해당함)으로 구성되어 있어서 7-세그먼트로 불립니다. 보통 접지선은 공통으로 쓰고, 각각의 세그먼트마다 별도의 도선이 연결되고 도트까지 더하면 최소 9개의 도선이 필요하죠. 화소 수가 작을 때는 나름 적절한 방법이지만, 화소 수가 증가할수록 도선의 수도 증가하는 단점이 있습니다. 일례로 640×480개의 화소에는 최소 614,400개의 도선이 필요하며, 컬러 영상을 위해 각 화소마다 RGB 부화소가 있을 경우에 도선

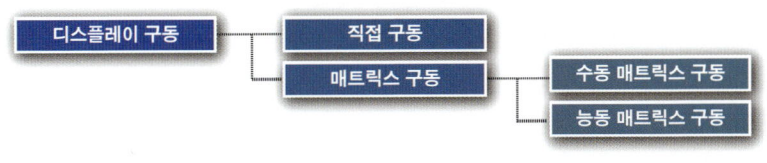

디스플레이의 구동

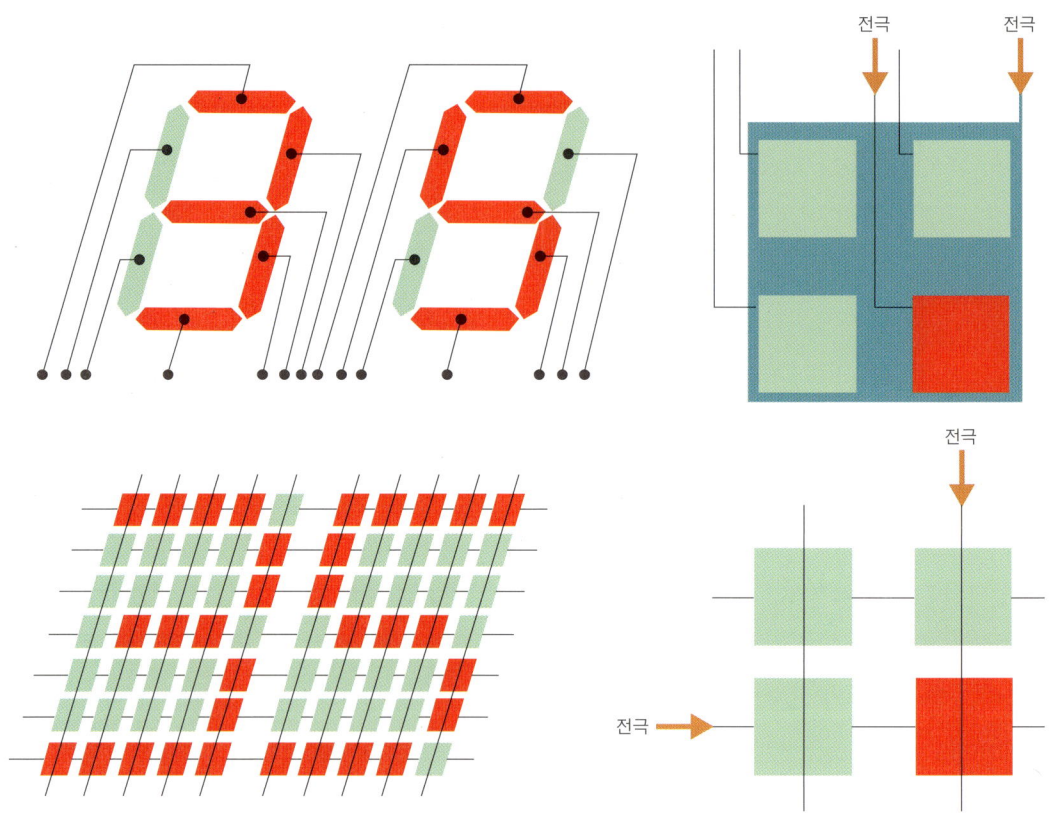

직접 구동(위)과 매트릭스구동(아래)

수는 614,400×3개로 거의 200만 개에 가까워집니다. 여기에서는 화소, 부화소 구분 없이 화소로 표현하며, 단색의 화소나 컬러의 RGB 부화소로 이해하면 됩니다.

이와 같이 화소의 수만큼 도선의 수를 필요로 하는 문제점을 해결하고 도선 수를 줄이기 위한 방법이 매트릭스 구동matrix driving입니다. 이는 가로 전극과 세로 전극이 교차하여 겹치는 부분에 화소가 존재합니다. 가로선과 세로선, 두 선 사이에 전압이 인가되거나 두 선을 통하여 전류가 흐르면 교차점에 위치한 화소가 동작하죠. 이때 가로선에는 전압이 반복적으로 지나가면서 일정 시간 간격으로 인가되는데, 이를 주사선scan line이라고 부릅니다. 세로선에는 각 화소에 필요한 전압이 대기하고 있다가 주사선 전압이 걸릴 때 두 전압의 차이인 신호 전압이 인가되어 신호선signal line이라고 명명합니다. 즉, 주사선에 일정 시간 간격을 두고 돌아오는 전압이 걸릴 때, 신호선 전압과의 차이로 인하여 해당 수치만큼의 전압이 인가되거나, 이 전압차로 인해 전류가 흐르게 됩니다. 이 경우, 640×480개의 화소가

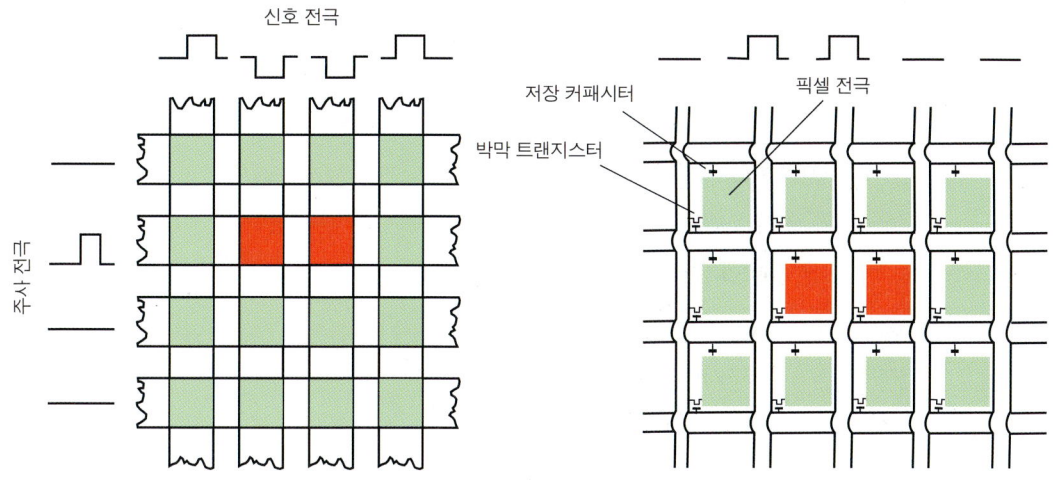

수동 매트릭스 구동(왼쪽)과 능동 매트릭스 구동(오른쪽)

있는 화면에는 화소와 동일한 수의 도선이 아닌 640+480개, 즉 1,120개의 도선으로 해결이 됩니다.

다만, 화소들이 각각 독립된 도선을 가지지 못하고 도선에 일렬로 연결되어 있어서, 개별 화소에 인가되는 전압이나 전류 신호의 일부가 이웃 화소로 넘어가는 간섭crosstalk 현상이 발생하는 문제가 생깁니다. 또한 주사선의 수가 증가할수록 밝기가 감소하는 문제가 생깁니다. 즉, 화면에서 주사선 하나가 빛을 낼 때 이전의 주사선에서의 빛은 사라지게 되는데, 이러한 문제는 우리 눈이 인지할 수 없을 정도로 주사 속도를 빨리하여 해결합니다. 그러나 해상도가 높아지거나 화면이 커지면서 주사선 수가 자꾸 증가하게 되면, 하나의 주사선에서 빛이 나오는 시간이 점점 더 줄어들고, 결국 밝기가 감소하는 한계에 부딪칩니다.

이와 같은 화소 간 간섭과 밝기 저하 문제를 해결하기 위한 방법은 각 화소마다 스위칭 소자와 전압(전하) 저장 소자를 설치하는 것입니다. 스위칭 소자는 선택된 화소만 작동할 수 있도록 하여 이웃 화소들 간의 간섭 문제를 해결하고, 전압 저장 소자는 주사선 전압이 지나간 후에도 다시 돌아올 때까지 신호 전압을 계속 저장하고 화소에 공급함으로써 밝기 저하 문제를 해결합니다. 스위칭 소자로는 박막 트랜지스터Thin Film Transistor, TFT를 사용하고, 전압 저장 소자로는 저장 커패시터Storage Capacitor, SC를 사용합니다. 이와 같이 화소나 부화소마다 각각 박막 트랜지스터와 저장 커패시터를 가지고 화소들을 구동하는 방식을 능동 매트릭스Active Matrix, AM 구동 그리고 앞서 설명한 단순 교차 매트릭스로 구동하는 방식을 수동 매트릭스Passive Matrix, PM 구동이라고 합니다. 단순한 문자나 숫자의 표현, 낮은 가격의 디스플레이가 아닌 대부분의 디스플레이들은 능동 매트릭스 구동을 이용합니다. 그래서 능동 구동형 LCD^{AM LCD}, 능동 구동형 OLED^{AM OLED}라 하죠. 아몰레드^{AMOLED}도 여기서 나온 명칭입니다.

요약하면, 디스플레이에서 영상을 얻기 위해 화소들을 구동하는 방식은 크게 두 가지입니다. 직접 구동과 매트릭스 구동으로 분류하고, 매트릭스 구동 방식은 다시 수동과 능동으로 나누어지죠. 직접 구동보다는 수동 매트릭스 구동이 도선의 수와 하드웨어적인 부담을 줄이고 소비 전력도 감소시키는 효과가 있습니다. 그리고 수동 매트릭스 구동보다는 능동 매트릭스 구동이 더 크고 해상도가 높은 화면과 영상, 더 밝은 영상을 만들 수 있죠. 이제 본격적으로 디스플레이를 다루어 봅니다.

더 생각해보기

- 직접 구동 방식에서 매트릭스 구동 방식으로 전환이 된 이유는 무엇일까?
- 수동 구동 방식에서의 어떤 불리한 점들 때문에 능동 구동 방식이 적용될까?
- 해상도가 높아지고, 화면 크기가 커질수록 능동 구동 방식은 어떻게 발전해 갈까?

이해를 돕는 용어와 의미들

디스플레이의 이론과 원리, 구조 그리고 성능과 관련해서는 다양한 용어와 의미들이 등장합니다. 이제 이들을 하나, 둘 정리하고 설명하겠습니다. 빛과 색, 디스플레이의 구성부 그리고 디스플레이의 성능과 특성에 관한 용어와 의미로 구분하고, 가급적 순서는 설명을 이어가기에 편하도록 하며, '가나다' 순도 일부 따르고자 합니다. LCD, OLED 등의 주력 디스플레이들은 뒤를 이어 심도 있는 설명이 추가될 예정으로, 이에 국한되는 내용들은 그때 정리를 하고, 여기에서는 디스플레이들에 공통된 기본 내용들 위주로 다룹니다. 즉, 다음과 같이 전개됩니다.

- 빛과 색

    3원색, 광속/광도/조도/휘도, 색 공간(CIE 색 좌표), 색 영역(규격들), 색 영역(색 재현율), 색 온도, 색의 3속성 등

- 디스플레이 구성부

    기판부, 능동 구동 화소부, 터치스크린부 등

- 디스플레이의 성능과 특성

    개구율, 다이나믹 레인지와 HDR, 명암비, 색심도와 계조/감마 보정, 색 재현율(color reproduction range: '빛과 색에 관하여'에서 설명), 시야각, 응답 속도, 주사율/프레임 속도, 해상도, 화면비 등

- 디스플레이의 제조

    다면취 공정, 상판/하판, 생산량(capa), 세대(G), 택트 타임 등

수식으로 원리를 잡다!

레일리 산란 (Rayleigh Scattering)

전자기파(빛)의 파장 크기보다 매우 작은 입자들에 의하여 전자기파가 산란되는 현상.
하늘이 푸르게 보이는 이유이며, 이는 공기 중의 입자(주로 O_2, N_2)가 빛의 파장(특히, 가시광선) 크기보다 매우 작기 때문이다.

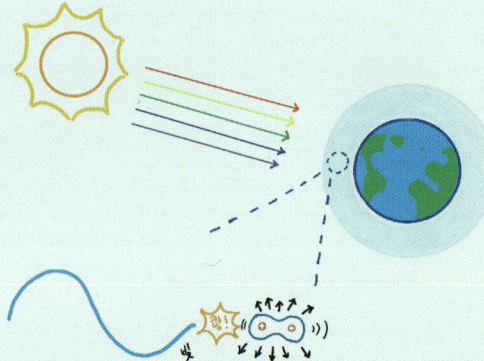

파장이 짧을수록 산란이 잘된다.
파란색(400nm)이 빨간색(700nm)보다 약 9배 더 산란이 잘된다.
⇒ 하늘이 낮에 파란 이유

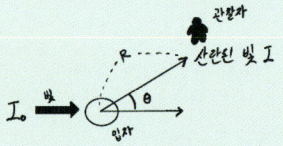

$$I = I_0 \frac{8\pi^4 N\alpha^2}{\lambda^4 R^2}(1+\cos^2\theta)$$

$$I \propto \frac{1}{\lambda^4}$$

I : 산란 후 빛의 세기
I_0 : 빛의 세기
λ : 파장
R : 관찰자와 입자 간 거리
N : 산란 입자 수
α : 분극도
θ : 산란각

J.W.Park

맥스웰 방정식 (Maxwell's equation)

전기(장)와 자기(장)가 분리된 것이 아닌 서로 상호작용 관계라는 것을 증명하여, 전자기파(빛)의 특성을 알아내는 데 기여하였다.

1. **가우스 법칙 (Gauss' law)**
   임의의 폐곡면을 통해 나가는 전속은 폐곡면에 둘러싸인 총 전하와 같다.
   ⇒ 전기장은 전하에 의해 만들어진다 ⇒ +전하와 −전하는 분리 가능!

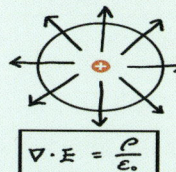
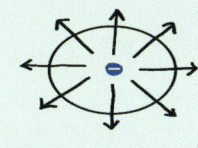

$$\nabla \cdot E = \frac{\rho}{\varepsilon_0}$$

$\nabla \cdot$: 발산 연산자
E : 전기장
ρ : 전하밀도
ε_0 : 진공 유전율

2. **가우스 자기 법칙 (Gauss' law for Magnetism)**
   폐곡면을 통과하는 총 자속의 합은 0이다.
   ⇒ N극과 S극은 분리할 수 없다!

$$\nabla \cdot B = 0$$

$\nabla \cdot$: 발산 연산자
B : 자기장

3. **패러데이의 법칙 (Faraday's law)**
   자기장의 변화는 전기장을 만든다.

$$\nabla \times E = -\frac{\partial B}{\partial t}$$

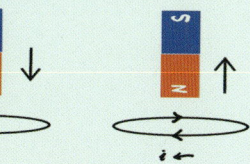

$\nabla \times$: 회전 연산자
E : 전기장
$\frac{\partial B}{\partial t}$: 시간에 따른 자기장 변화율
i : 전류

4. **앙페르의 법칙 (Ampère's law)**
   전류나 전기장의 변화는 자기장을 만든다.

$$\nabla \times B = \mu_0 J + \mu_0 \varepsilon_0 \frac{\partial E}{\partial t}$$

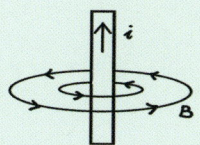

$\nabla \times$: 회전 연산자
B : 자기장
μ_0 : 진공 투자율
J : 전류밀도
ε_0 : 진공 유전율
$\frac{\partial E}{\partial t}$: 시간에 따른 전기장 변화

3원색

원색 primary color 은 기본적인 색으로, 혼합하여 모든 색을 만들 수 있는 색 또는 다른 색들을 혼합하여 만들 수 없는 색, 즉 서로 독립적인 색을 말합니다. 빛(색광)의 원색, 색(색료나 물감)의 원색 등으로 구분되며, 세 개의 색으로 이루어져 있습니다. (☞ 38쪽 그림 참조)

빛의 3원색은 빨강(R), 초록(G), 파랑(B)의 RGB이며, 색을 섞을수록 밝아져 가산 혼합에 해당합니다. 3원색을 모두 섞으면 흰색이 되죠. 이는 우리 눈에서 이 세 가지 색을 감지할 수 있는 원추세포와도 관련 있습니다. 흥미로운 점은 원추세포의 RGB 반응이 과학적으로 입증되기 전에 빛의 3원색이 RGB라는 점이 알려졌다는 것입니다. 19세기의 토머스 영 Thomas Young 과 헬름홀츠 Helmholtz 에 의해서인데

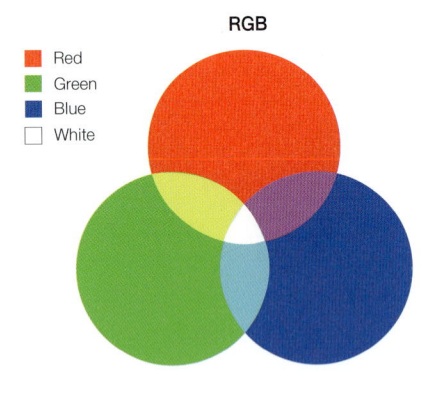

가산 혼합(빛)

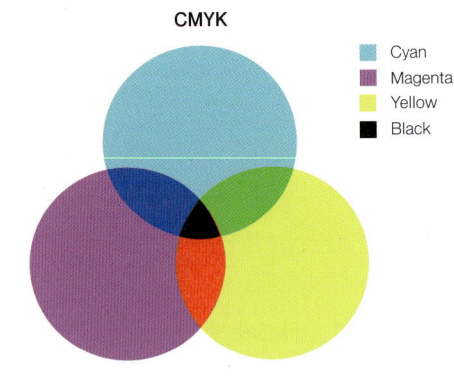

감산 혼합(색)

- 빛의 3원색은 가산 혼합에 해당한다.
- 빛의 3원색은 빨강, 초록, 파랑이다.
- 빨강, 초록, 파랑을 혼합하면 흰색이 된다.
- 빨강, 초록, 파랑으로는 검은색(빛이 없는 상태)을 만들 수 없다.

- 색의 3원색은 감산 혼합에 해당한다.
- 색의 3원색은 시안, 마젠타, 노랑이다.
- 시안, 마젠타, 노랑을 혼합하면 검은색이 된다.
- 시안, 마젠타, 노랑으로는 흰색을 만들 수 없다.

컬러 TV의 색의 표현

요, 그들의 직관력이 실로 놀라울 따름입니다. 빛의 이 세 가지 색으로 디스플레이 영상을 만듭니다.

반면에 색의 3원색은 시안$^{Cyan, C}$(밝은 파랑), 마젠타$^{Magenta, M}$(밝은 자주색), 노랑$^{Yellow, Y}$입니다. 이들은 섞을수록 어두워지는 감산 혼합이며, 3원색을 모두 섞으면 검은색$^{Key\ black,\ K}$이 됩니다. 그래서 이를 CMYK로 표현하기도 하며, 이 4가지 색은 오프셋 인쇄에 쓰이는 잉크 체계를 뜻합니다. K까지 포함한 것은 아직 물감이나 잉크의 성능이 이상적이지 못하기 때문입니다. 즉, 잉크는 반사와 흡수가 완전하지 못하여 반사해야 할 빛을 일부 흡수하고, 흡수해야 할 빛을 일부 반사하기도 하죠. 이는 종이와 같이 잉크가 칠해지는 표면에서의 문제도 결부됩니다. 즉, 3원색을 섞어 완전한 검은색을 만들 수가 없기 때문에 별도의 검은색을 사용하며, 이를 Key black(K), 우리 말로는 '먹'이라고 합니다. 잉크는 이 네 가지 색으로 인쇄 그림을 그립니다.

더 생각해보기

● 화소에는 세 개의 색만 나오는데, 화면에서는 훨씬 더 많은 색들이 표시되는 이유는 무엇일까?
● 어떤 경우, 한 화소에 3원색 화소에 더하여서 하얀색 부화소가 추가되는데, 이것의 역할은 무엇일까?

빛의 밝기

빛의 밝기와 관련된 용어를 이해해 보죠. 빛의 광속luminous flux, 광도luminous intensity, 조도Illuminance 등 조명과 친근한 용어들과 함께 디스플레이에서 주로 사용되는 휘도luminance에 관한 내용입니다.

광속 또는 광선속은 광원에서 나오는 빛의 총량으로, 광원에서 만들어지는 모든 방향의 빛을 합한 값입니다. 빛을 묶었다는 의미로 '빛다발'이란 의미도 되겠네요. 주로 조명의 밝기를 표현할 때 사용합니다. 단위는 가시광선에 국한 지을 경우, 루멘lumen, lm을 사용하죠. 1루멘의 광속은 1칸델라의 광도를 갖는 광원에 의해 1스테라디안의 입체각으로 발산되는 가시광선의 에너지의 양으로 정의됩니다. 또는 1제곱미터의 면적에 1룩스lux의 조도로 입사되는 빛의 광속에 해당한다고도 표현할 수 있습니다. 참고로 광속에 시간을 곱하면 광량quantity of light, 빛의 총 에너지이고, 이로부터 산출되는 단위시간에 나오는 빛의 양은 광속이죠.

광도는 빛의 방향에 수직인 면을 통과하는 빛의 양에 해당하며, 단위는 칸델라candela, cd입니다. 명확히 표현하자면, 점 광원에서 특정 방향으로 단위입체각, 즉 1스테라디안에서 방출되는 광속입니다. 예를 들어, 촛불을 켜 놓으면 사방으로 빛이 퍼져 갑니다. 이렇게 퍼져 나간 전체 빛을 광속인 루멘으로 표현한다면 그중 1스테라디안에 해당하는 빛의 밝기를 칸델라로 표현할 수 있습니다. 칸델라는 촛불의 영어 단어 'Candle'에서 왔죠. 엄밀하게는 1칸델라는 '진동수 540THz의 단색광이 특정 방향으로 스테라디안당 1/683와트의 강도로 방출될 때의 광도'로 정의됩니다. 광속은 광원을 중심으로 모든 방향을 포함하지만, 광도는 특정 방향으로의 빛의 양입니다.

조도는 피사체에 입사되는 빛의 양, 즉 단위면적에 도달하는 광속으로 계산하며, 단위는 '광속(루멘)/면적(제곱미터)'에 해당하는 럭스lux, lx를 사용합니다. 1칸델라의 광원인 촛불이 사방으로 균일하게 빛을 내보낼 때 광속은 12.6루멘(~4×3.14)이며, 촛불로부터 1m 떨어진 위치에서의 밝기, 즉 조도는 1

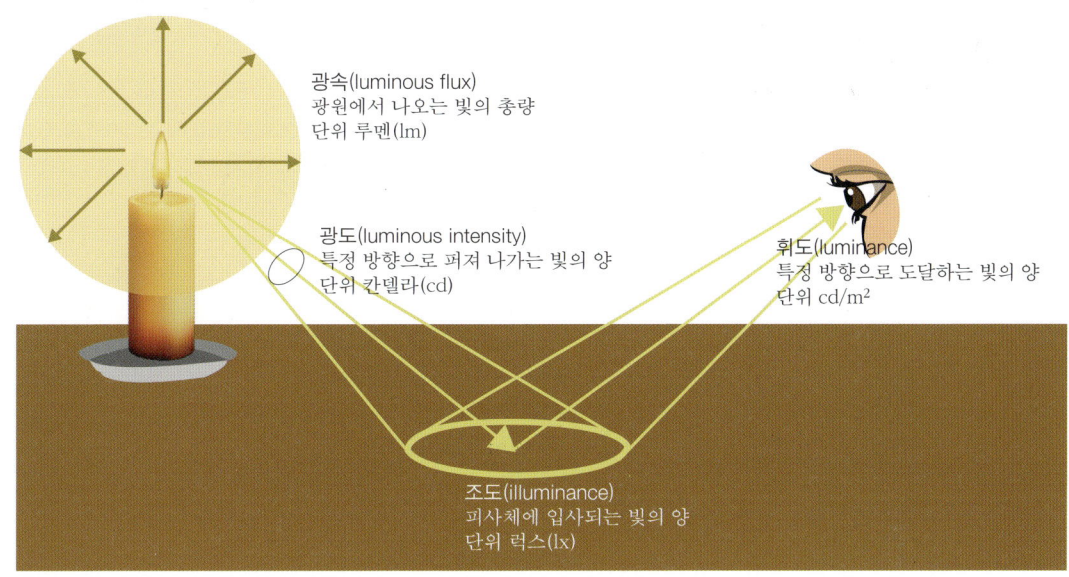

빛의 밝기와 관련된 용어들

럭스로 정의됩니다. 전등에 가까이 가면 밝아진다는 표현은 빛이 닿는 면의 밝기를 두고 하는 말이죠. 이처럼 조도는 비치는 장소의 밝기를 말하며, 광원의 광도와 광원까지의 거리와 관계가 있습니다.

휘도는 사전에 따르면 '특정 방향에 대한 광밀도, 즉 일정 면적을 통과하여 일정 입체각으로 들어오는 빛의 양'으로 정의되지만, 디스플레이에서는 한 방향 또는 화면에서 보는 물체의 밝기를 말합니다. 단위는 '광도(칸델라, cd)/면적(제곱미터, m^2)'나 니트(nit) 등을 쓰죠. 즉, 조도가 단위면적당 얼마만큼의 빛이 도달하는가를 표시한다면, 휘도는 어느 방향에서 얼마만큼 밝게 보이는가를 말합니다. 그리고 휘도는 디스플레이처럼 그 자체가 발광하고 있는 경우뿐만 아니라, 광원으로부터 반사되어 빛이 나는 2차적인 광원(가로등의 빛을 반사하여 2차 광원으로 작용하는 도로처럼)에 대해서도 밝기를 나타내는 척도로 쓰입니다.

더 생각해보기

- 광원으로부터 빛이 출발하여 어떤 표면에서 반사되어 우리 눈에 들어오기까지의 과정을 그림으로 묘사하고, 본문에서의 네 가지 용어를 대입시켜 보자.
- 이들 용어들은 주로 조명에서 사용되었는데, 디스플레이에서 적용 가능한 용어를 선택하고 의미를 알아보자.

수식으로 원리를 잡다!

광속 F 광도 I 조도 E

1. 광속 F (Luminous Flux)
- 광원으로부터 나오는 모든 빛의 총량
- 단위: 루멘 (lumen, lm)

2. 광도 I (Luminous Intensity)
- 광원으로부터 특정 방향으로 단위 입체각에서 방출되는 광속
- 단위: 칸델라 (candela, cd)

3. 조도 E (Illuminance)
- 대상 면에 도달하는 광속
- 단위: 럭스 (lux, lx) = lm/m^2

★ 광도 I 와 광속 F의 관계

$$I = \frac{F}{w} = \frac{F}{4\pi}$$

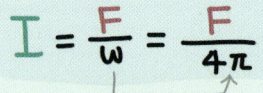 점광원 주위의 전체 입체각은 4π sr

- I : 점광원으로부터 모든 방향으로 균등하게 광속이 발산할 때의 광원의 평균 구면 광도 (cd)
- F : 점광원으로부터 방사된 광속 (lm)
- w : 광속을 포함하는 입체각 (sr)
  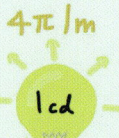 $w = \frac{A}{d^2}$

 4π lm / 1cd

 1 lm/sr, 입체각: 1 sr, 면적: $1m^2$, 1 lux

★ 조도 E 와 광속 F, 광도 I 와의 관계

"역제곱법": 빛의 입사 방향에 수직인 평면 위의 한 점의 조도는 광원과 해당 점 사이의 거리의 제곱으로 나눈 광도와 같다.

$$E = \frac{F}{A} = \frac{Iw}{A} = \frac{IA}{Ad^2} = \frac{I}{d^2}$$

- E : 빛의 입사 방향에 수직인 평면 위의 한 점의 조도 (lx)
- F : 해당 평면에 입사된 광속 (lm)
- A : 해당 평면의 면적 (m^2)
- w : 광속을 포함하는 입체각 (sr)
- I : 광원이 방출하는 광도 (cd)
- d : 광원과 해당 점 사이의 거리 (m)

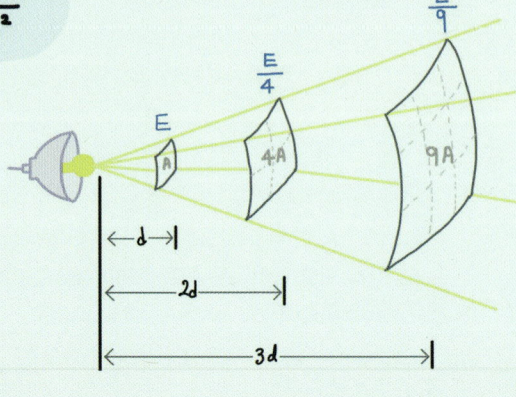

예제 1 태양으로부터 지구 표면에 도달하는 조도가 $2.4 \times 10^5 \, lm/m^2$ 이고, 태양과 지구 사이의 거리를 $1.5 \times 10^8 \, km$ 라고 하자. 이때의 태양의 광도와 광속을 구하시오.

풀이 $E = 2.4 \times 10^5 \, lm/m^2$, $d = 1.5 \times 10^8 \, km = 1.5 \times 10^{11} \, m$ 이므로

$I = Ed^2 = (2.4 \times 10^5) \cdot (1.5 \times 10^{11})^2 = 5.4 \times 10^{27} \, cd$

$F = 4\pi I = 4\pi \cdot (5.4 \times 10^{27}) = 6.8 \times 10^{28} \, lm$

예제 2 어떤 광원의 평균 구면 광도가 $100 \, cd$ 이고 전체 광속 중 $\frac{1}{2}$ 이 $2m \times 3m$ 인 면을 수직으로 비추고 있을 때, 광원에서 방출된 전체 광속과 면의 조도를 구하시오.

풀이 $F = 4\pi I = 4\pi \cdot (100 \, cd) = 1257 \, lm$

$E = \dfrac{F}{A} = \dfrac{1257 \times \frac{1}{2}}{2 \times 3} = 104.75 \, lx$

예제 3 예제 2)에서 광원과 면 사이의 거리를 $2m$ 라고 하자. 이 거리를 $6m$ 로 늘렸을 때의 면의 조도를 구하시오.

풀이 역제곱법에 의해 거리가 3배 증가하면 조도는 9배 감소한다.

$E = 104.75 \times \dfrac{1}{9} = 11.64 \, lx$

색 공간, 색 좌표

색 좌표는 다양한 색상들을 좌표로 표현한 도표로, 국제 조명 위원회 International Commission on Illumination, CIE가 측광과 측색에 관한 국제적 결정을 위해 1931년에 표준으로 제정하였습니다. 이는 인간의 색채 인지에 대한 실험 연구에서 분광 광도계로 측정한 값들을 기초로 하여 x, y, z 값들로 표현한 것으로, 밝기를 제외한 채도와 색상을 표

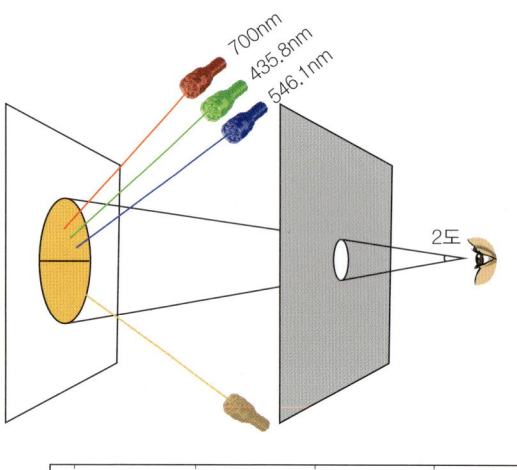

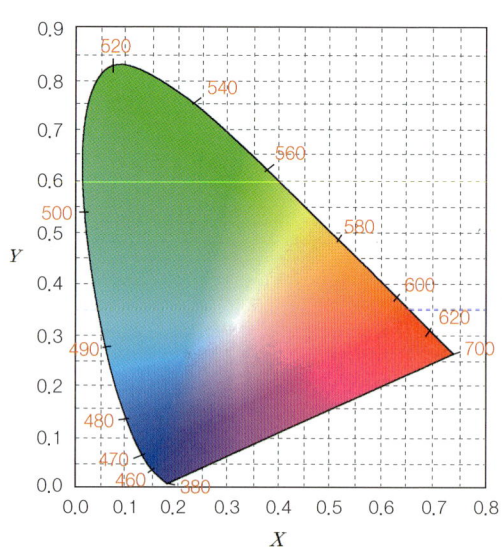

색 공간 만들기

현하고 있습니다. 따라서 CIE 1931로 부르며, 이후 몇 차례 개선이 이루어지면서 CIE 1976 L*u*v* 표색계로 보완 발전하였습니다. 다양한 기관과 회사들이 만들어낸 색의 규격들은 이 CIE 색 좌표계 내에 위치합니다. CIE 색 좌표에서 색상을 띄지 않는 흰색은 중앙에 위치하며, 순색에 가까울수록 말굽 형태의 다이어그램의 가장자리 선에 위치합니다. 참고로 ICE는 영국의 Imperial Chemical Industries, Ltd.를 칭하죠.

인간의 눈에서 설명했듯이 망막에는 들어온 빛을 짧은 파장(S), 중간 파장(M), 긴 파장(L)으로 구분하여 받아들이는 세 종류의 SML 원추세포가 있죠. 따라서 세 개의 변수로 인간의 색 감각을 표현할 수 있으며, 빛의 가산 혼합 모델에서 3원색을 조합하여 원하는 색을 만들 수 있는 3색 자극값 Tristimulus value X, Y, Z을 얻을 수 있습니다. 색 좌표는 이러한 자극 값들과 각각의 색깔을 연관시키는 수학적 모델입니

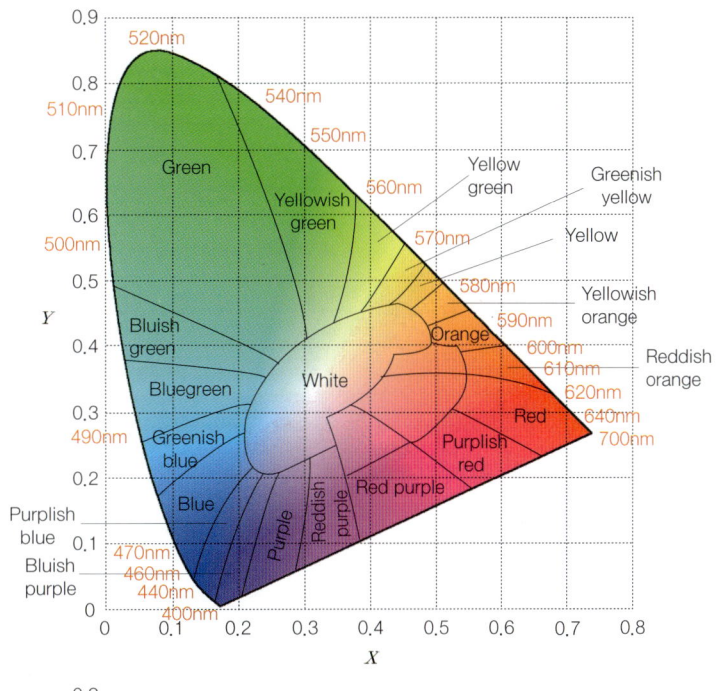

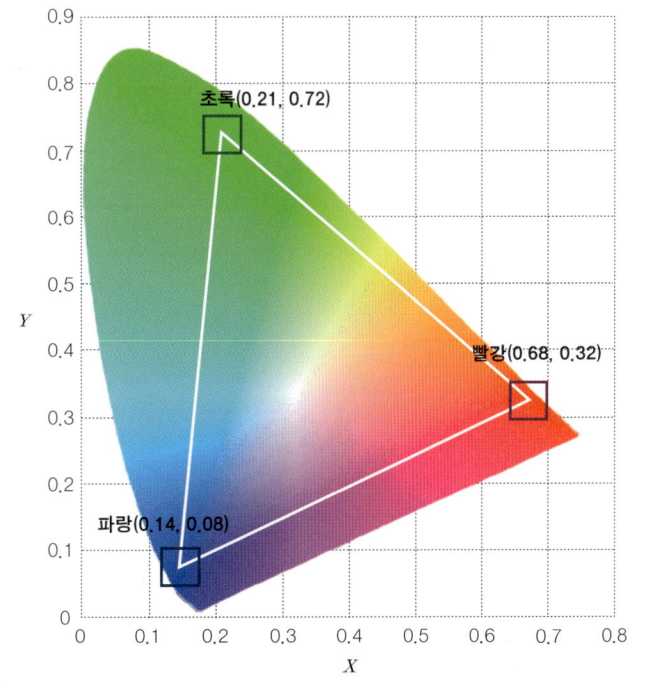

색 공간(위)과 색 좌표(아래)

다. 즉, 3색 자극 값들이 CIE 1931 색 좌표에서는 x, y, z의 값으로 표현됩니다. x, y, z는 각각 빨강, 초록, 파랑의 비율에 해당합니다. 따라서 $x+y+z=1$, 즉 100%가 되죠.

예를 들어, R의 경우 (0.68, 0.32) 값을 가지는데, 이는 빨강의 색 비율이 68%, 초록의 비율이 32%임을 의미합니다. 또 B는 (0.14, 0.08)로 $x=0.14$, $y=0.08$입니다. 따라서 z는 1 − (0.14+0.08) = 0.78로 얻어지죠. R이 (1, 0)이 아니고 B가 (0, 0)이 아닌 이유는 인간의 눈에 있는 RGB 원추세포들의 자극 값을 통해 알 수 있는데, 각각의 세포들이 R, G, B 각각을 주로 인식하지만 다른 부분도 함께 인식하기 때문입니다. 예를 들어, R 원추세포는 R을 주로 인식하면서도 G와 B도 어느 정도 인식하게 되죠. 즉, 색 좌표는 RGB 원추세포들이 인식하는 색상의 비율 값을 의미하므로 x, y, z에 대해 절대적인 0이나 1의 값을 가질 수 없게 됩니다. 이상에 대해 보다 구체적인 이론과 실험 방법 그리고 계산에 대해서는 추후에 더 논의하기로 합니다.

 **더 생각해보기**

- 색 공간, 색 좌표의 원리와 의미를 추가로 더 알아보자
- 현재 출하되어 판매되고 있는 프리미엄급 TV의 디스플레이 색 공간은 어느 정도 수준일까, 이 수준의 만족도는 어느 정도일까?

색 영역, 규격들의 변천

디스플레이가 만들어낼 수 있는 색들을 포함하는 공간을 색 영역color gamut이라 하는데, 이는 색 좌표상에 표시되어 구현할 수 있는 색의 범위를 나타냅니다. 색 영역에는 기관이나 회사별로 여러 규격이 존재하죠. 각각의 규격들은 주로 세 가지 분야, 방송(TV), 정보통신(모바일 기기), 영화에 맞도록 표준화가 되어 있습니다. 분야별로 표준화된 규격에 준하여 색과 영상이 표현되고, 이를 보여 주는 디스플레이도 규격을 따를 때 영상 제작자의 의도를 왜곡되지 않도록 반영할 수 있습니다. 각각의 분야별로 대표적인 색 영역들을 살펴보겠습니다.

먼저 방송(TV) 분야입니다. 가장 전통적이며 대표적인 방송의 색 영역은 NTSC National Television System Committee 규격입니다. NTSC는 방송용 전파에 대한 미국의 표준화 담당 기구로서, 1953년에 세계 3대 국제 표준화 기구 중 하나인 국제 전기 통신 연합 International Telecommunication Union, ITU과 함께 컬러 TV 표준을 제정하였습니다.

NTSC는 색 공간을 정의할 때 영화용 컬러 필름의 색 영역을 기준으로 출발하였죠. 컬러 TV 방송이 막 시작되는 시기였고, 컬러 브라운관CRT의 기술 수준도 현재와 비교하면 초보적인 수준이었기 때문에 당시에 기준으로 삼을 수 있었던 것은 컬러로 상영 중인 영화의 컬러 필름이었습니다. 컬러 영화는 컬러 TV보다 훨씬 앞선 1915년에 기술이 개발되었

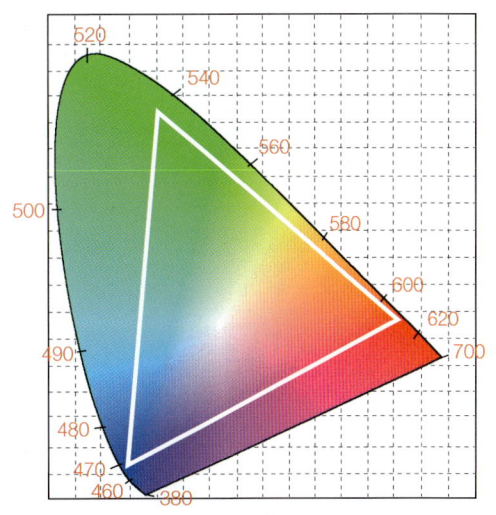

NTSC 색 영역

죠. 그래서 NTSC는 영화용 컬러 필름의 색 영역을 참고하여 3원색을 정의하였고, 실제 NTSC 방식을 기준으로 한 컬러 TV 방송은 1954년부터 미국에서 최초로 시작되었습니다. 이후 1975년에 유럽 방송 연맹European Broadcasting Union, EBU은 SDTVStandard-Definition TV 시스템을 위해 스튜디오 모니터용 색 영역(EBU Tech. 3213)을 제안하였습니다.

SDTV는 고화질 방송 규격인 HDTVHigh-Definition TV로 이동하는 중간 단계로서, 아날로그 방식에서 디지털 방식으로의 전환이라는 점과 16 : 9의 와이드 스크린 도입 등의 측면에서 의미가 큽니다. 이에 준하여 독일은 PALPhase Alternation Line 방식, 프랑스는 SECAMSéquentiel Couleur Avec Mémoire 방식을 각각 만들었죠. 기본적인 기술 방식과 색 영역은 같기 때문에 보통 PAL과 SECAM은 함께 묶어서 설명하는 경우가 많습니다. 참고로 PAL은 독일을 비롯한 유럽과 중국, 북한 등에서 채용되었고, SECAM은 프랑스와 소련(러시아) 등 구 공산권 국가들이 주로 채용하였습니다. 그리고 NTSC는 한국, 미국, 일본, 중남미 등에서 사용되고 있습니다.

1982년에는 ITU에서 SDTV 규격이 공식적으로 제정(ITU-R BT.601)되었습니다. SDTV 규격은 개정된 NTSC와 PAL/SECAM의 색 공간을 각각 다르게 규정했으나, 색 영역의 관점에서 볼 때 그 범위는 크게 차이 나지 않습니다. 1990년에는 현재 주로 사용되는 디지털 방송, 즉 HDTV가 ITU에 의해서 제정(ITU-R BT.709)되었습니다. 고해상도와 16 : 9 와이드 스크린 등 높은 수준의 화질을 구현하기 위한 표준 규격으로, 당시로서는 가장 보편적인 TV였던 브라운관 TV의 현실적인 기술적 특성을 고려해 기존의 다른 색 영역들에 비해 오히려 일부 줄어들었다는 점이 독특하죠. 그렇지만 이후, 2012년에 ITU에서 제정한 UHDTVUltra High-Definition TV 규격(ITU-R BT.2020)은 해상도 증가뿐만 아니라 색 영역도 크게 확대되어 정보통신 분야와 영화용 규격 등 상용화된 대부분의 색 영역을 수렴하였습니다.

정보통신 분야에서는 현재 디스플레이에서 주로 사용 중인 두 가지 색 영역이 있습니다. 하나는 sRGBstandard RGB로서, 1996년에 미국의 마이크로소프트와 HP가 협력하여 만들었습니다. 모니터, 프린터 및 인터넷용 표준 RGB 색 영역입니다. sRGB는 브라운관 모니터들의 대부분이 비슷한 색으로 재현된다는 점에 착안하여 모니터, 스캐너, 디지털 카메라의 평균값으로 정의된 색 영역입니다. 마침 HDTV의 색 영역인 ITU-R BT.709 규격이 sRGB에서 정의한 색 영역을 만족하여 동일한 좌표를 기준으로 사용했기 때문에 HDTV와 sRGB의 색 영역 또한 일치합니다. 현재 sRGB는 정보통신 분야에서 가장 광범위하게 사용되는 색 영역 규격으로, 각종 ICTInformation & Communication Technology 기기들과 호환성이 높습니다. 하지만 디지털 이미지를 인쇄하거나 인화할 때에는 컬러 표현의 한계를 보인다는 약점이 있습니다.

다른 하나는 Adobe RGB로서, 1998년에 그래픽 편집 프로그램 포토샵 제작사인 Adobe가 제안한 색 영역입니다. sRGB의 색 영역은 인쇄물에 주로 사용하는 4원색 잉크 색상인 CMYK용 컬러 프린터에서의 색상 표현이 제한적이라는 이유에서 새롭게 고안되었죠. 특히 하늘색(cyan)과 녹색의 표현 영역이 협소해 그 점을 보완하여 확장했습니다. Adobe RGB의 색 영역에서 빨간색과 파란색의 색 좌표(삼각형에서 꼭짓점)는 sRGB와 동일하게 하되, 녹색 좌표는 CIE 1931에서 표기한 것보다 위쪽으로 더 이동시켰습니다. 이로서 녹색 계열의 색상 표현이 더 풍부해졌죠.

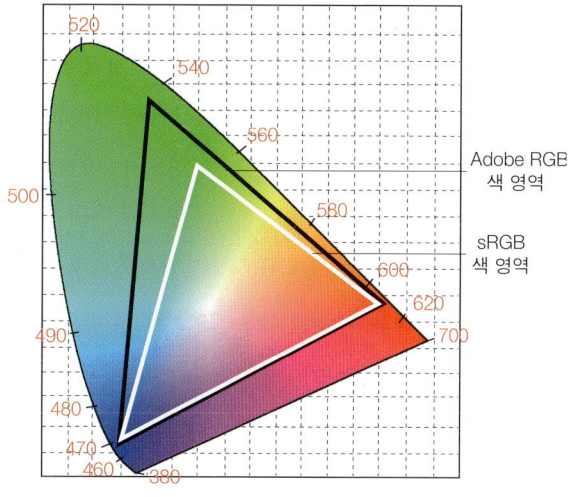

sRGB 색 영역과 Adobe RGB 색 영역

영화 분야의 경우, 가장 전통적이고 현재까지도 사용되고 있는 기록 매체는 필름입니다. 따라서 영화의 색 영역은 필름 프로젝터의 특성을 고려하여 정의되었습니다. 필름 프로젝터의 시작은 1935년으로 거슬러 올라갑니다. 당시에 프로젝터의 광원으로는 카본 아크등을 썼죠. 이를 활용한 필름 프로젝터는 빛의 3원색인 RGB 외에도 시안cyan과 마젠타magenta를 함께 사용하는 5원색을 기준으로 하였고, 따라서 영화의 색 영역은 5각형의 모습을 갖춥니다.

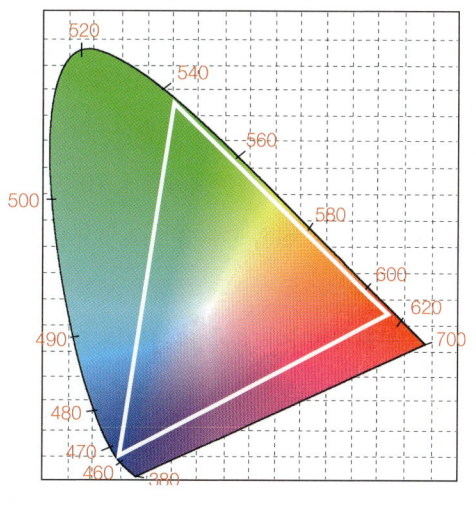

DCI-P3 색 영역

영화도 TV와 마찬가지로 디지털 방식으로 전환하자는 논의가 있었습니다. 1990년대를 전후해 미국의 대형 스튜디오와 영화 장비 업체들은 디지털 영화를 위한 연구와 관련 장비 개발을 시작하였습니다. 이를 기점으로 2002년 헐리우드 영화사들이 주축이 되어 디지털 시네마 표준 개발을 위한 협력 기구 DCI Digital Cinema Initiatives를 설립하였고, 2005년에는 DCI 표준 규격을 제정하였습니다. DCI는 필름과 다르게 색 영역을 구성하는 원색을 RGB 3원색으로 지정하고 사용하였기 때문에 DCI-P3라고 부릅니다. 3원색이 사용된 이유는 디지털 영화에 사용되는 제논 프로젝터의 광원인 제논 아크등의 특성을 고려했기 때문이죠. 제논 램프는 광원 중에서 자연광(태양광)에 가장 가까운 빛을 만들어서 연색성이 좋습니다.

　끝으로, 미래의 영화 시스템에서 사용하기 위한 차세대 색 영역의 개념으로 ACES^{Academy Color Encoding System}가 있습니다. ACES는 미국의 영화 예술 과학 아카데미^{Academy of Motion Picture Arts & Sciences, AMPAS}에서 시작하였으며, 영상 보정 작업^{color correction, color grading}을 위한 컬러 작업 공간의 규격으로 2004년부터 개발되어 왔습니다. 이는 현재의 다양한 디지털 카메라 기술에 대응하고 더욱 정확하고 풍부한 색 표현을 위한 컬러 이미지 변환(encoding) 규격으로서, 카메라에서 캡쳐된 정보를 그대로 보존하는 것이 목적입니다. 따라서 가시광선 영역 전체를 포함하는 색 영역입니다.

더 생각해보기

● 색 영역들이 정해지고 변환되어 가는 과정을 보면서 산업의 주도권을 잡기 위해서는 기술 이외에 어떤 점들이 중요할까?

색 재현율

디스플레이에서 색 재현율(색 표현력)은 원본의 색을 화면에서 어느 정도까지 표현할 수 있는지를 CIE 색 좌표에서 수치화한 것입니다. 일반적으로 CIE 색 좌표계에 표시되는 색 공간들(NTSC, sRGB, Adobe RGB, DCI-P3 등)의 색상 규격을 기준으로 하여, 색 표현이 가능한 정도를 백분율로 표기합니다. 일례로 TV에서는 일반적으로 NTSC 색 공간을 대상으로 하는데, 색 재현율이 NTSC 기준 120%일 경우 NTSC 이상의 색 영역, 즉 1.2배의 색 재현율을 가지는 것을 의미합니다. 그밖에도 sRGB 대비

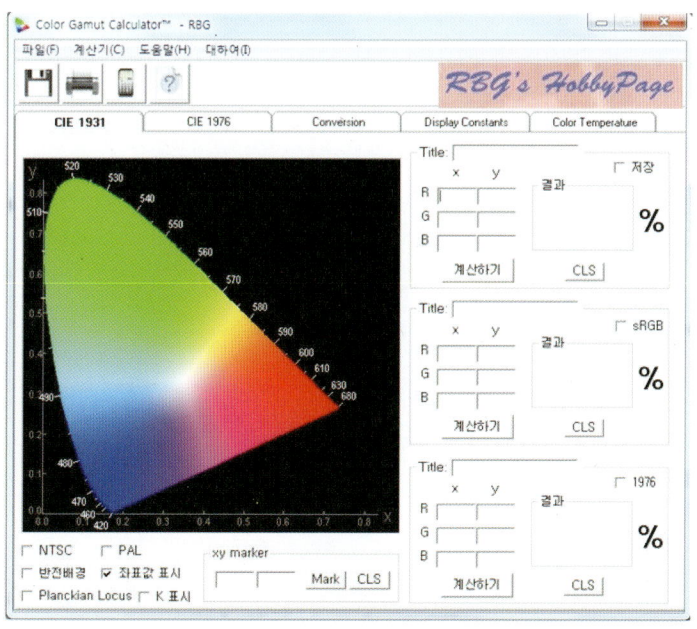

색 재현율 측정

130%, Adobe RGB 대비 98%라고 표현합니다.

색 재현율의 계산을 위해서는 측정하고자 하는 디스플레이에서 표현되는 RGB 3각형의 면적과 기준이 되는 색 영역에서의 RGB 3각형의 면적의 비를 구하여 백분율로 환산합니다. 3각형을 포함하는 4각형의 면적을 계산하고, 여기서 RGB 3각형의 면적을 얻죠. 예를 들어, sRGB의 면적이 0.1121이고 NTSC의 면적이 0.1582이므로 sRGB는 NTSC 대비 0.1121/0.1582~0.71, 즉 71%의 색 재현율을 가집니다.

더 생각해보기

- 개발된 디스플레이 모델에 있어서, 색 재현율을 산출하기 위해서는 어떤 방법과 절차가 적용될까?
- 색 재현율은 궁극적으로 어느 정도까지 확장될 수 있으며, 이에 대한 근거는 어디에 있을까?

색온도

색온도는 흑체 black body 의 온도가 올라가면서 나오는 빛의 색과 동일한 색에 대해 흑체의 온도를 적용한 값입니다. 흑체는 빛을 포함한 모든 전자기파를 흡수하는데, 온도가 높아지면 전자기파를 방출하여 열평형 상태, 즉 일정한 온도를 유지하는 이상적인 복사체입니다. 흑체로부터 복사되는 빛의 색깔은 온도에 의존하죠. 흑체의 온도가 섭씨 400

전자기파를 방출하는 흑체

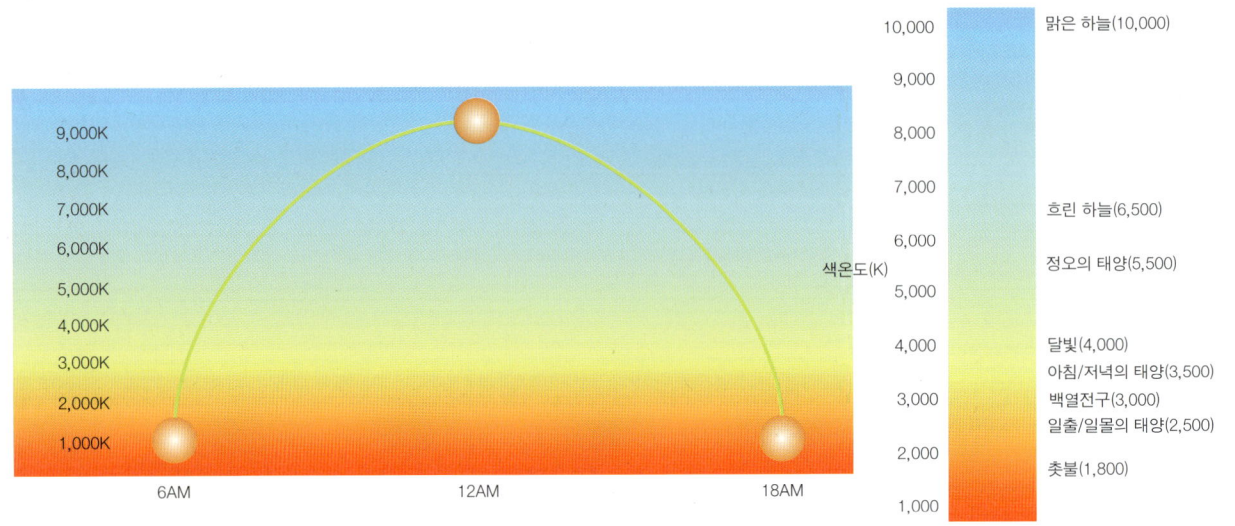

색온도와 빛

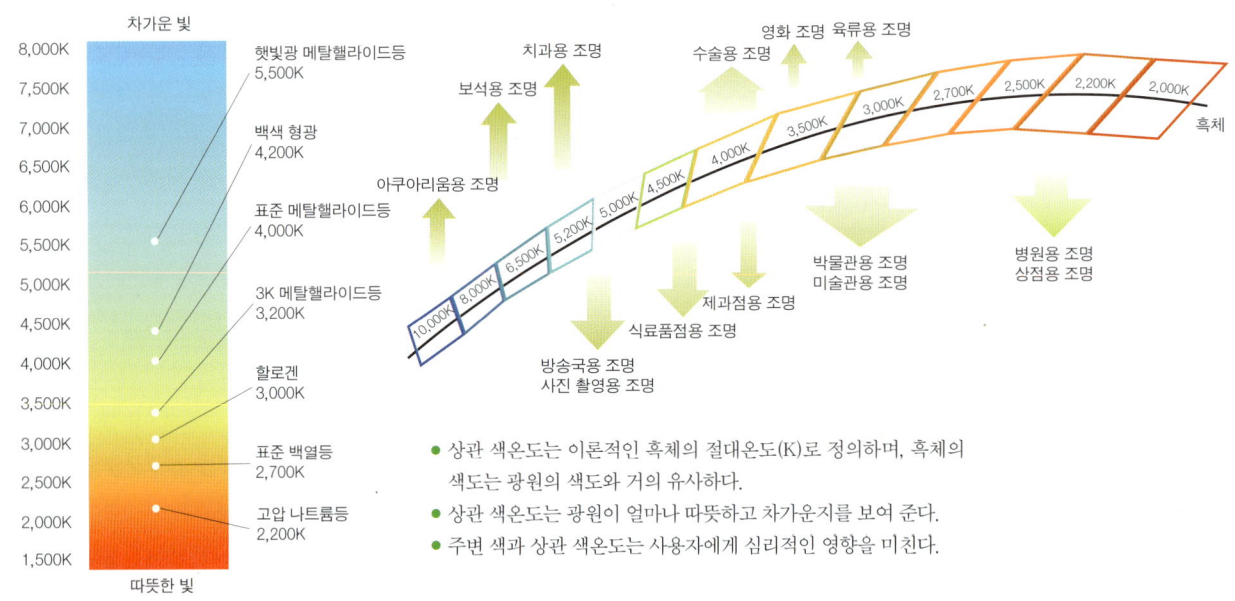

- 상관 색온도는 이론적인 흑체의 절대온도(K)로 정의하며, 흑체의 색도는 광원의 색도와 거의 유사하다.
- 상관 색온도는 광원이 얼마나 따뜻하고 차가운지를 보여 준다.
- 주변 색과 상관 색온도는 사용자에게 심리적인 영향을 미친다.

상관 색온도와 조명

도 이하에서는 주로 적외선을 방출하고, 섭씨 400도 이상이 되면 가시광선이 나오기 시작합니다. 그리고 온도가 올라갈수록 빛의 분광 에너지 분포가 변화하여 색도 변화합니다. 흑체로부터의 색과 임의의 색을 매칭시킨 후 흑체의 온도 값을 부여하면 그 색의 온도, 즉 색온도가 얻어집니다.

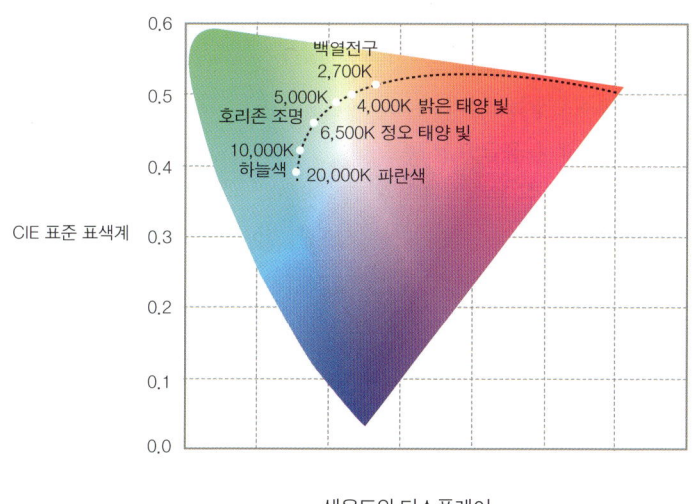

색온도와 디스플레이

　일례로 타고 있는 불 속에 검은색의 탄을 집어넣으면, 처음에는 붉은색을 띠다가 연소가 되어 탄의 온도가 올라가면서 푸른빛을 띤 흰색이 됩니다. 온도와 색의 변화를 보여 주는 좋은 예죠. 태양 표면의 색은 약 5,780K의 흑체가 내는 복사에너지 스펙트럼과 유사하여 태양의 표면 온도를 추정하기도 합니다. 촛불은 1,000K, 텅스텐 램프는 3,200K, 형광등은 6,600K 정도입니다. 우리가 바라보는 태양은 2,000~7,000K 범위의 색온도를 가지는데, 일출이나 일몰의 태양은 2,000K, 정오의 태양은 5,500K 정도로 위치에 따라 변합니다. 이와 같이 붉은색 계통의 광원일수록 색온도가 낮고, 푸른색 계통일수록 색온도는 높아집니다. 온도가 낮으면 가시광선이 아닌 적외선이 방출되고, 온도가 올라갈수록 붉은색에서 노란색, 흰색으로 변하며, 온도가 아주 높으면 푸른색에 가까워집니다. 붉은빛을 내는 별보다 푸른빛을 띠는 별은 더 뜨겁게 타고 있는 거죠.

이러한 색온도는 조명의 색을 표현하는 데 유용합니다. 실제 조명에서는 완전한 흑체복사가 이루어지지 않으므로 상관 색온도$^{correlated\ color\ temperature}$를 사용합니다. 상관 색온도를 이용하면 조명의 색을 정확히 표현할 수 있습니다. 다만, 전문가가 아닌 일반 소비자가 색온도를 이해하고 조명을 선택하는 것은 쉽지 않은 일이죠. 그래서 일반인들을 위해 주광색, 백색, 은백색 등과 같이 색의 이름을 정해 조명의 색을 표현합니다.

더 생각해보기

- 흑체, 가열의 온도 그리고 색에 대해 보다 과학적으로 정리해 보자.
- 색온도는 조명과 디스플레이에서 각각 어떤 작용을 하고 영향을 줄까?

색의 3속성

색은 무채색과 유채색으로 구분합니다. 무채색은 흰색, 회색, 검은색으로 색상과 채도가 없으며, 명도의 차이만을 가지고 있죠. 유채색은 무채색을 제외한 모든 색채를 말하며 색상, 채도, 명도를 가지고 있습니다. 이와 같이 색이 지니고 있는 세 가지의 속성, 즉 색상·채도·명도를 색의 3속성이라 합니다. 각각을 살펴보죠.

색상$^{Hue, H}$은 우리가 익히 아는 빨강, 초록, 노랑, 파랑 등을 말합니다. 가시광선의 분광으로 인한 일곱 가지 색상과 그 사이의 비슷한 색상끼리의 배열을 고리 모양으로 둥글게 나열한 것을 색상환^{color}

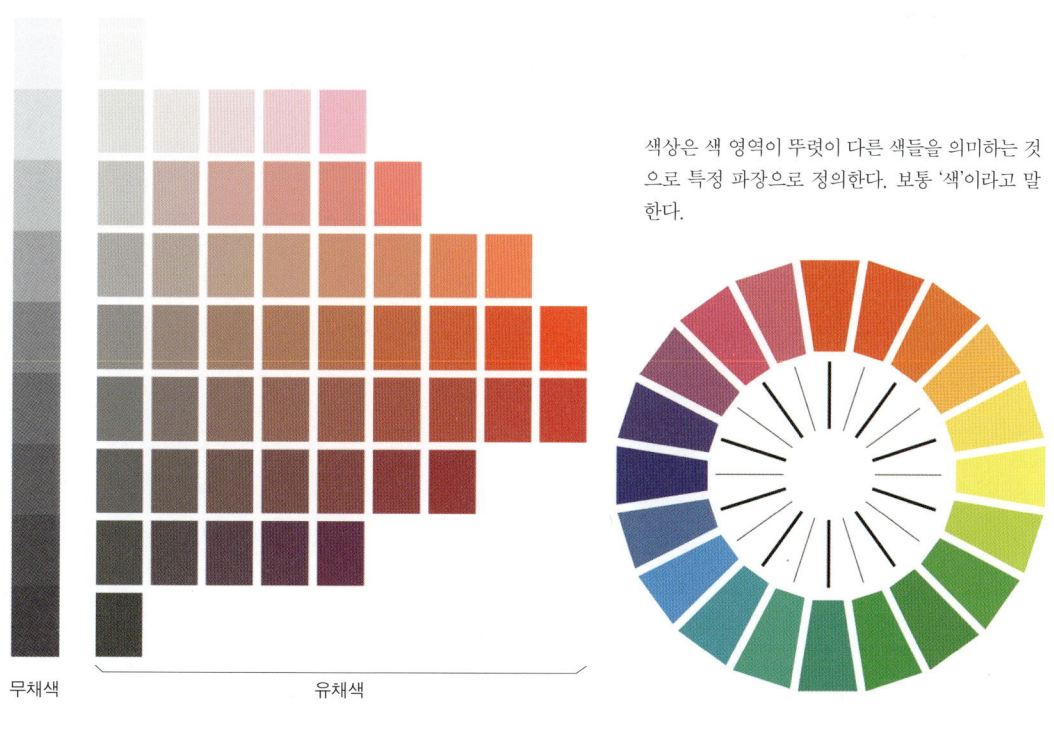

색상은 색 영역이 뚜렷이 다른 색들을 의미하는 것으로 특정 파장으로 정의한다. 보통 '색'이라고 말한다.

무채색 　　　유채색

무채색과 유채색　　　　　　　　색상환

디스플레이 상식과 지식 알아가기

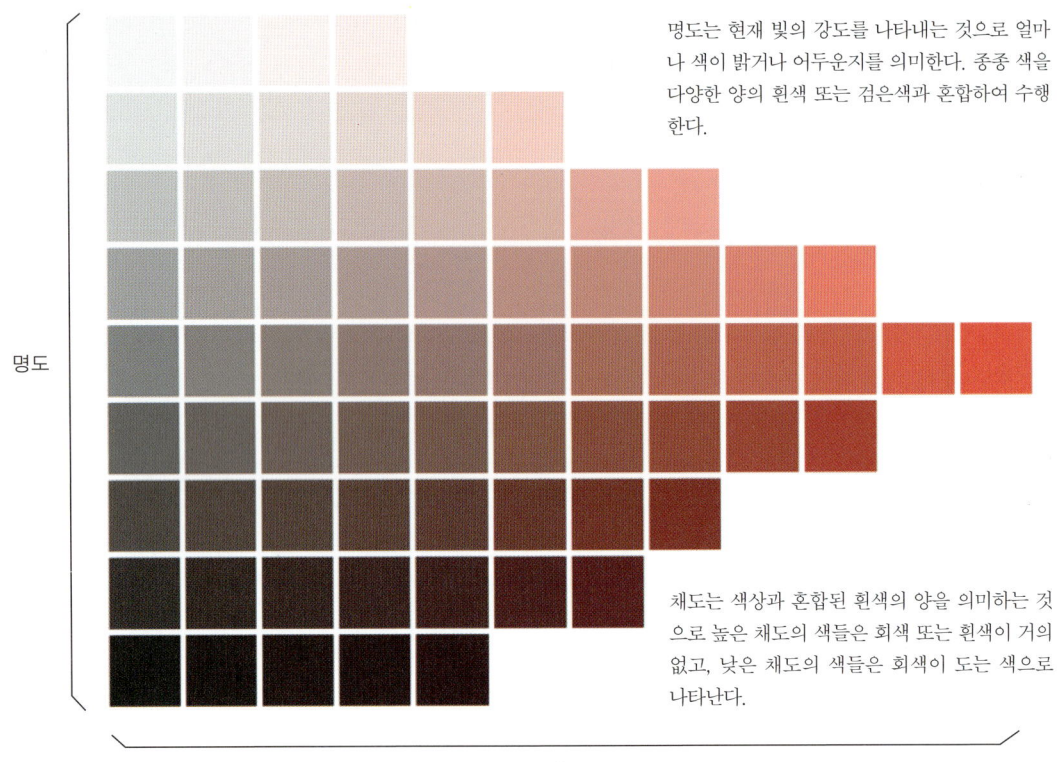

명도는 현재 빛의 강도를 나타내는 것으로 얼마나 색이 밝거나 어두운지를 의미한다. 종종 색을 다양한 양의 흰색 또는 검은색과 혼합하여 수행한다.

채도는 색상과 혼합된 흰색의 양을 의미하는 것으로 높은 채도의 색들은 회색 또는 흰색이 거의 없고, 낮은 채도의 색들은 회색이 도는 색으로 나타난다.

채도와 명도

circle, hue circle이라 하며, 이를 통해 색상들 간의 관계를 알 수 있죠. 색상환에서 비교적 가까운 거리에 위치한 색들은 서로 색상이 비슷한 유사색이라 하고, 먼 거리에 떨어져 있는 색들은 색상의 차이가 큰 반대색이라 하며, 서로 정반대 방향에 있는 색을 보색이라고 합니다. 보색을 섞으면 무채색이 되죠.

채도Chroma 또는 Saturation, C 또는 S는 색의 선명한 정도나 맑고 탁함 정도를 말하며, 순도·포화도 등으로도 부릅니다. 채도가 가장 높은 색은 섞임이 없는 색이라는 의미로 순색이라 하고, 채도가 가장 낮은 색은 무채색입니다. 즉, 더욱 선명하고 순색에 가까울수록 채도가 높아지며, 색들이 혼합되거나 무채색에 가까울수록 채도는 낮아집니다. 채도가 높은 색을 말할 때는 흔히 '짙다'라고 표현하고, 반대로 채도가 낮은 색을 말할 때는 흔히 '옅다, 흐리다'라는 표현을 씁니다.

명도Brightness 혹은 Value, B 혹은 V는 색의 밝기를 의미합니다. 명도가 높을수록 밝고 흰색에 가까우며, 명도가 낮을수록 어둡고 검은색에 가까워지죠. 이는 무채색과 유채색 모두에게 있는데, 우리 눈은 명도에 특히 예민합니다. 명도의 단계는 검은색인 0에서부터 흰색인 10까지 총 11단계로 분류하며, 낮은 명도, 중간 명도, 높은 명도로 구분합니다. 디자인에서는 명도가 다른 색들을 배색하여 밝은 색은 더욱 밝게 보이고, 어두운 색은 더욱 어둡게 보이도록 하는 경우가 많은데, 이는 명도 대비를 이용하는 것입니다.

더 생각해보기

- 채도에 관해 보다 이해가 쉽게 과학적으로 설명해 보자.
- 색상, 채도, 명도는 디스플레이에서 어떻게 작용할까, 그리고 어떻게 활용할 수 있을까?

3원색

하얀 햇빛

빛의 3원색

숲의 초록
바다와 하늘의 파랑
그리고 열정, 빨강

행복의 3원색

Primary colors;
are sets of colors that can be combined to make a useful range of colors.
The primary colors are those which cannot be created by mixing other colors in a given color space.
For additive combination of colors, as in overlapping projected lights or in TVs and monitors,
the primary colors normally used are red, green, and blue.

기판부

기판substrate은 말 그대로 '기초가 되는 판', 즉 디스플레이가 만들어지는 얇고 넓은 판입니다. 기본 특성으로는 빛이 통과할 수 있도록 투명해야 하며, 올려지는 각 구성부들 간의 전기적인 절연을 위한 절연성이 있어야 합니다. 그밖에도 편평도, 내열성, 내화학성, 친환경성 등의 다양한 물리 화학적 요구 조건이 있죠. 이러한 기판부에는 주로 (투명) 전극과 화소, TFT 등이 형성됩니다.

가장 기본적인 기판은 유리입니다. 이에 요구되는 조건은 투명도와 절연성에 더해 표면이 평탄하고 균일한 표면 품질이 확보되어야 하고, 알칼리 산화물 등이 없는 무알칼리로서 액정이나 실리콘 박막이 오염되지 않아야 합니다. 그리고 섭씨 300도 이상의 고온 공정에도 치수나 형상이 변하지 않도록 유리의 변형점이 높고 열팽창 계수가 낮아야 합니다. 여러 화학 공정에 견딜 수 있도록 화학적 안정성이 요구되며, 비소Arsenic, As, 안티모니Antimony, Sb 등과 같은 환경오염 물질이 함유되지 않아야 합니

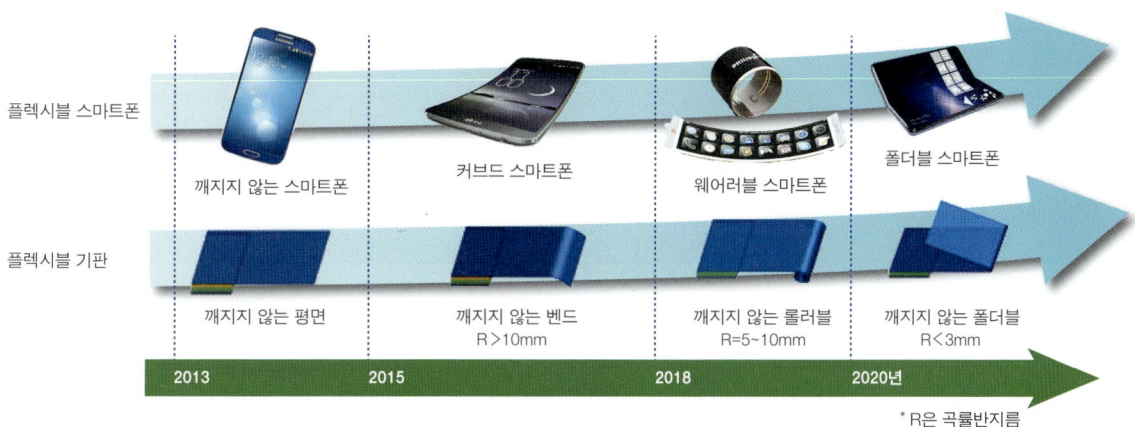

기판 기술의 발전

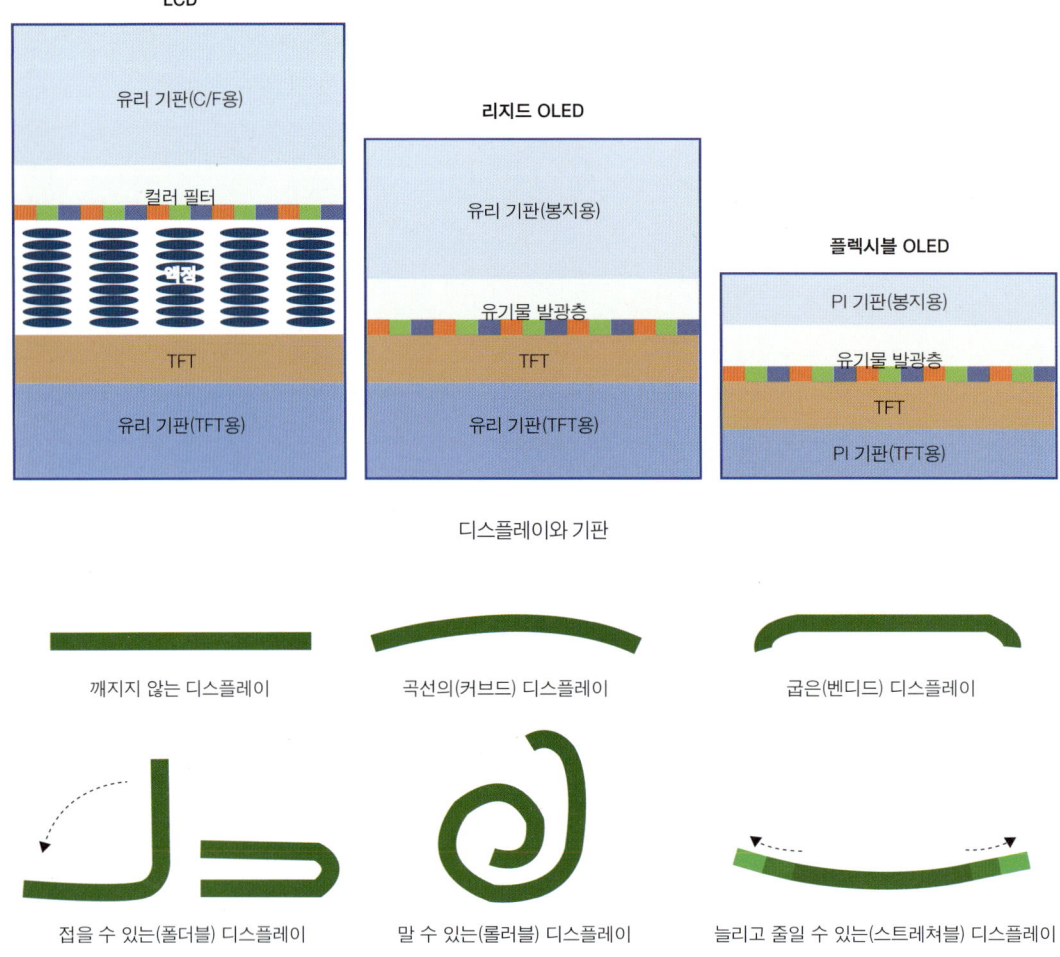

디스플레이와 기판

유리 기판에서 플라스틱 기판으로

다. 현재 미국의 코닝을 비롯하여 일본의 아사히 글라스, 한국의 LG 화학, 전기초자 코리아(EGKr) 등에서 생산 중입니다.

최근에 이르러 기판의 유연성과 두께, 무게 등이 강조되면서 플라스틱 기판의 적용이 활발해지고 있습니다. 당장은 폴리이미드Polyimide, PI가 대표적인데, 이는 플라스틱 소재로 유연성과 함께 어느 정도 열에 대한 내구성을 지니고 있죠. 다만, 액상 물질로서 캐리어 글라스 위에 코팅 후 굳혀서 사용해야 하고, 공정이 완료된 후 분리해야 하는 번거로움이 있습니다. 이러한 액상 플라스틱이 아닌 플라스틱 시트가 가까운 시일 내에 개발될 것으로 예측되며, 이후에도 탄성 디스플레이를 위한 탄성 고분자

elastomer 기판, 웨어러블 디스플레이용 섬유 기판, 일회용 또는 친환경 생분해성 디스플레이를 위한 셀룰로오스 기판 등이 등장할 전망입니다.

더 생각해보기

- 유리창의 유리에 비해 디스플레이 기판으로의 유리는 무엇이 어떻게 달라야 할까?
- 플라스틱 기판의 시작인 폴리이미드는 어떤 점이 더 개선되어야 하는가, 그 뒤를 이어 나올 기판으로는 어떤 것들이 있을까?
- 기판 한 장으로 만들어지는 디스플레이는 가능할까, 그렇다면 어떤 디스플레이들이 어떻게 가능할까?

능동 구동 화소부

능동 구동 화소부는 빛이 나오는 부분인 화소, 세부적으로는 RGB 3원색이 나오는 세 개의 부화소들과 각 부화소들에 집적되어 있는 스위칭 소자, 즉 박막 트랜지스터^{TFT}와 저장 커패시터^{SC}로 구성됩니다.

화소^{pixel}는 앞서 설명하였듯이 화면을 구성하는 최소 단위로서, RGB 부화소$^{sub-pixel}$에서 나오는 빛들이 가산 혼합되어 원하는 밝기와 색을 만들며, 화소 각각이 독립적으로 작동하면서 화면에 영상을

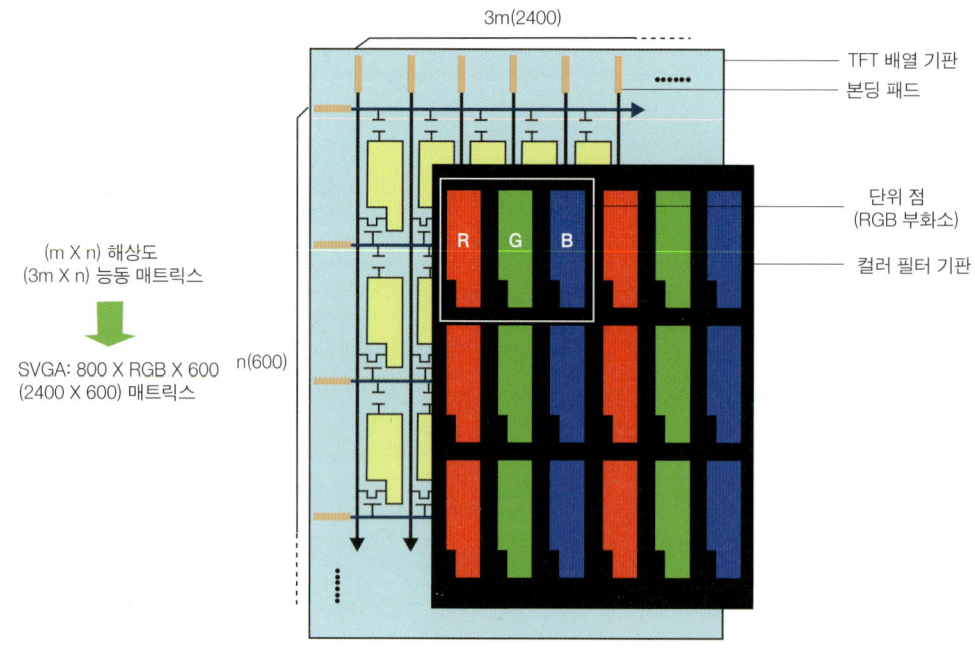

TFT-LCD 패널

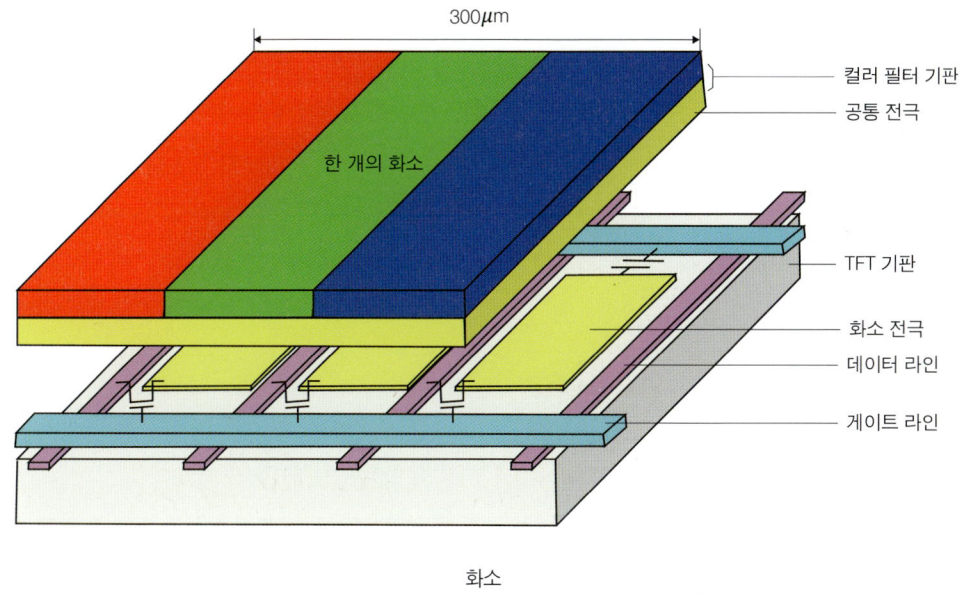

화소

단위 화소의 구조와 회로도

만들어 갑니다. 화소 내부에는 3원색을 만드는 RGB 부화소들이 있고, 이들의 모양과 크기는 RGB 각각의 효율이나 수명에 따라 별도로 결정이 됩니다. 또한 화소의 밝기를 증가시키기 위해 흰색^{White, W} 부화소를 추가하여 한 개의 화소 안에 4개의 RGBW 부화소가 있는 경우도 있습니다.

    각각의 부화소에는 신호가 인가될 부화소를 선택하기 위한 스위칭 소자인 TFT와 인가된 신호를

한 프레임 동안 저장하기 위한 저장 커패시터가 집적화되어 있습니다. 특히, TFT는 구동 방식(전류 또는 전압 구동)과 손실 없는 신호의 원활한 전달을 위하여 2개 이상이 설치되기도 합니다. 그리고 실제로 신호가 지나가는 영역인 반도체 층 또는 채널 층의 재료와 결정성에 따라서 (비정질, 다결정) 실리콘 TFT나 (금속) 산화물 TFT 등으로 구분이 됩니다. 이들로 인하여 각각의 부화소들에 신호가 인가되고, 이에 따라 RGB 3원색들의 밝기가 결정되면서 화소의 밝기와 색이 조절됩니다.

더 생각해보기

- 능동 구동 화소부를 설계할 때 트랜지스터의 성능보다는 디스플레이의 관점에서 어떤 점들을 고려해야 할까?
- LCD와 OLED의 능동 구동 화소부는 각각 어떻게 다를까?

터치스크린부

디스플레이가 정보의 출력 기능만이 아닌 입력 기능을 가지게 된 동기는 터치스크린 또는 터치 센서 패널Touch Sensor Panel, TSP이 있었기 때문이죠. 터치스크린은 사용자가 디스플레이를 통해 기기에 명령, 요구를 넣을 수 있는 입력부에 해당합니다. 따라서 디스플레이 패널에서 화면이 나오는 패널의 윗

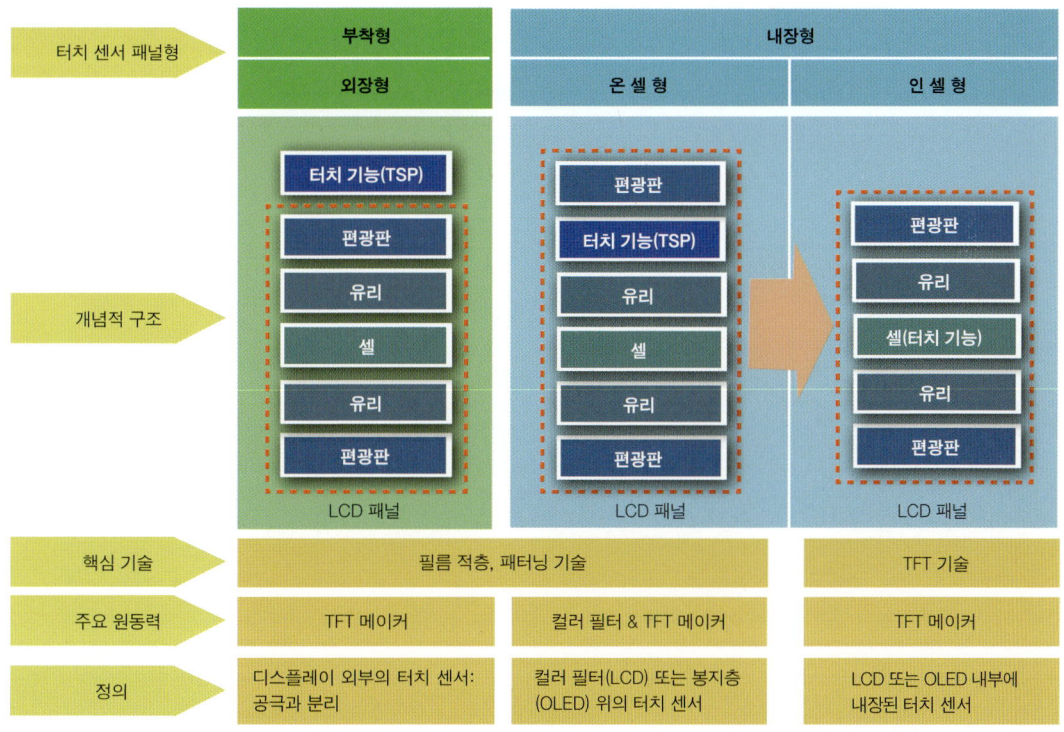

터치스크린의 개요

터치센서 분류

부분에 위치합니다. 먼저, 터치스크린은 위치에 따라 외장형과 내장형으로 나눌 수 있습니다. 초기에는 디스플레이 패널의 바깥쪽에 필름 형태의 터치스크린을 부착하는 외장형 방식을 주로 사용하였지만, 최근에는 패널 안으로 집어넣는 내장형이 대세를 이루고 있습니다. 내장형 방식을 적용하면 패널의 두께를 줄일 수 있고, 터치스크린 표면에서 빛의 반사가 줄어서 화면의 밝기를 낮추더라도 시인성이 유지되어 소비 전력의 감소 효과가 있습니다.

내장형의 경우 온 셀 형on cell-type과 인 셀 형in cell-type으로 구분합니다. 온 셀 형은 디스플레이의 상부 유리 기판에 터치스크린을 내장시킨 방식이죠. 주로 OLED에 사용되는데, 종래의 외장형 또는 부착형add on-type에 비해 두께 감소와 빛 투과율 증가에 유리합니다. 인 셀 형은 주로 LCD 패널의 안쪽에 터치 기능을 구현한 것으로, 역시 두께와 무게에 장점이 있습니다.

터치 센서에는 여러 종류의 원리가 적용됩니다. 저항막 방식과 정전용량 방식 위주의 적외선, 초음파 등을 이용한 터치 센싱 방식 등이 있죠. 스마트폰의 초기에는 센서를 누르는 힘에 의해 저항이

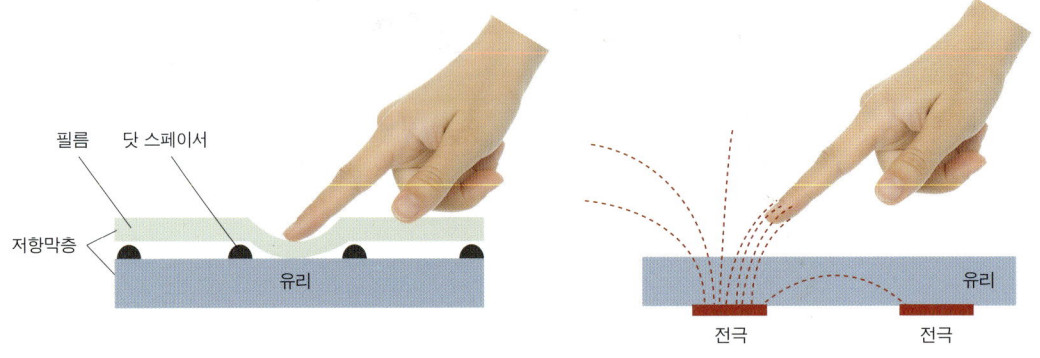

저항막 방식 터치스크린 패널은 여러 층으로 구성되며, 그중 가장 중요한 것은 좁은 간격으로 분리된 두 개의 얇은 금속 전기 전도성 층입니다. 손가락과 같은 물체가 한 지점을 누르면 전류가 변화하여 터치 동작으로 등록되어 처리를 위해 컨트롤러로 전송됩니다.

정전용량 방식 터치스크린 패널은 유리와 같은 절연체로 구성되며 ITO(indium tin oxide)와 같은 투명 전도체로 코팅되어 있습니다. 인체도 전도체이기 때문에 화면 표면을 만지면 신체의 정전기장이 왜곡되어 정전용량의 변화로 측정할 수 있습니다.

저항막 방식(왼쪽)과 정전용량 방식(오른쪽)의 원리

변하는 감압식 저항막 방식이 적용되었습니다. 이는 두 장의 필름이 외부 압력에 의해 서로 접촉되며 저항이 변화하는데, 내구성과 인식률에서 문제가 있었죠. 다음으로 정전용량 방식이 개발되었습니다. 인체나 도전체가 센서의 투명 전극에 접촉되면 터치스크린에 있는 전극과의 사이에 전하를 저장할 수 있는 용량, 즉 정전용량이 변하면서 터치를 인식하죠. 즉, 터치 센서는 발신 전극과 수신 전극으로 이루어지는데, 손가락과 같은 유전체를 발신 전극 근처로 가져가면 손가락 표면에 발신 전극의 전하와 반대 극성인 전하가 모이게 되고, 이로 인해 수신 전극에서의 전기장이 약해지면서 터치가 감지됩니다. 광학 방식의 하나인 적외선 터치스크린은 장애물에 의한 적외선의 차단 여부를 감지하여 터치를 인식하는데, 별도의 기판이나 필름이 필요하지 않다는 점이 특징이죠. 그리고 초음파 방식 역시 유사한 작동 원리로 야외용 무인 정보 단말기나 전자 칠판 등에서 활용될 것으로 보입니다.

더 생각해보기

- 디스플레이용 터치 센싱 기술은 작동 원리 측면에서 볼 때 어떻게 발전해 왔을까?
- 디스플레이 패널에서 터치 센서의 위치는 어떻게 변해 갈까?(기술 난이도의 순서대로)

도플러 효과

오는 그대
그 웃음소리 높게
귓전에 울린다

떠나는 그대
나직한 흐느낌
아득하게 젖어든다

다가오는 기차
재회의 기적소리
높게 울려 퍼진다

멀어져가는 기차
이별의 기적소리
여운으로 사라진다

Doppler effect
Change in frequency or wavelength of a wave in relation to
an observer who is moving relative to the wave source

An animation illustrating
how the Doppler effect causes a car engine or siren to sound higher in pitch
when it is approaching than when it is receding

개구율

개구율 aperture ratio 은 단위 화소에서 실제로 빛이 나올 수 있는 부분의 면적 비율입니다. 빛이 가려지는 부분은 주로 TFT와 회로 어셈블리 영역입니다. 개구율이 높으면 동일 전력에 대해 밝기가 증가하거나 동일 밝기에 대해 소비 전력이 감소합니다. 특히 OLED와 같이 누적 전류량에 의해 열화 현상을 보이는 디스플레이에서는 개구율의 증가가 수명 연장에 매우 중요하죠. 전면 발광 OLED의 경우, TFT에 의해 빛이 가려지는 부분이 거의 없어서 후면 발광 OLED보다는 높은 개구율을 얻을 수 있습니다.

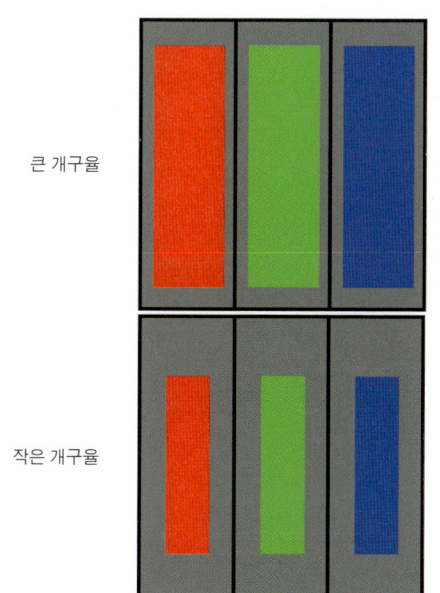

개구율

개구율의 중요성

- 동일한 면적 휘도를 달성하기 위해 필요한 전류가 다름(전류 필요량: 큰 개구율 < 작은 개구율)
- 개구율이 감소하면 전류 밀도가 높아짐
- 전류 밀도가 높을수록 안정성이 떨어짐
- TFT 복잡성이 증가할수록 높은 개구율을 유지하는 데 유용한 전면 발광 구조

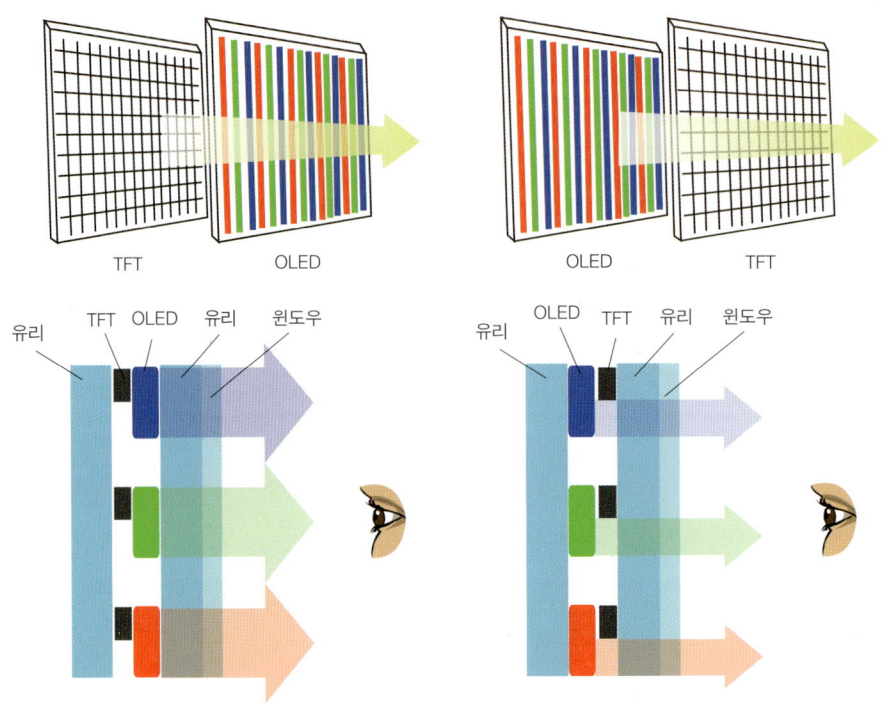

전면 발광 OLED(왼쪽)와 후면 발광 OLED(오른쪽)

현재는 개구율에 상대적으로 민감한 모바일 기기용 소형 OLED가 전면 발광 방식을 택하고 있고, TV 등 대형 OLED에서도 해상도 증가, 화소 크기 감소가 중요한 이슈가 되면 개구율 확보를 위해 전면 발광을 고려할 수 있겠죠. OLED의 경우에 말입니다. 다만, RGB OLED 방식의 경우 여전히 RGB 화소들 간의 경계가 겹치는 것을 방지하기 위해 필요 이상의 공정 마진을 두고 있어 개구율이 50% 이하에 머무르고 있습니다. 따라서 마스크 정렬이나 증착 등의 공정 개선을 통해 비발광 지역_{deadzone}을 줄이는 것이 중요합니다.

 **더 생각해보기**

- 개구율을 일정 수준 이상으로 유지하거나 높이는 것은 왜 중요할까?
- 개구율을 높이기 위한 방법들로는 어떤 것들이 있을까?

다이내믹 레인지와 HDR

디스플레이의 화질을 높이는 데에는 5가지 요소가 있습니다. 이미 설명한 색 영역과 함께 색 심도, 프레임 속도, 해상도, 다이내믹 레인지입니다. 색 영역은 표시할 수 있는 색상의 범위를 나타내며 색의 선명도, 자연스러움과 관계됩니다. 색 심도는 각각의 부화소가 표시할 수 있는 원색의 밝기를 세분화시키는 정도이며, 화소가 표시할 수 있는 색상의 수와 색상 변화의 섬세함을 결정합니다. 프레임 속도는 1초에 표시될 수 있는 영상의 수입니다. 속도가 증가할수록 영상에서 움직임이 부드러워지죠. 해상도는 화소의 개수입니다. 동일 크기의 화면에서는 화소의 수가 많을수록, 즉 해상도가 증가할수록 이미지 디테일이 섬세해집니다. 그리고 다이내믹 레인지$^{dynamic\ range}$는 가장 어두운 부분과 가장 밝은 부분의 밝기 차이, 즉 명암의 범위를 표현하는 단위로서 영상의 밝기 범위, 세분화와 특히 관계가 있습니다.

과거의 브라운관 TV를 사용하던 시절, 20여 년 전의 기술 표준은 표준 다이내믹 레인지$^{Standard\ Dynamic\ Range,\ SDR}$였죠. 이는 0~100니트^{nit} 범위의 명암 표현력과 8비트^{bit}의 색 표현력으로 1,600만여 개의 색을 표현할 수가 있습니다. 하지만 이는 인간의 눈이 인식할 수 있는 명암과 색의 수에는 미치지 못하죠. 과학자들에 의하면 인간의 눈은 0~4,000니트의 명암과 백만 개에서 1억 개에 이르는 색을 인식할 수 있다고 합니다. 따라서 더 넓은 명암 범위와 더 많은 색의 수를 필요로 하며, 이를 구현하는 것이 광범위 다이내믹 레인지$^{High\ Dynamic\ Range,\ HDR}$ 기술입니다. 즉, 화면의 밝고 어두운 정도의 범위를 넓혀 밝은 부분은 더 밝고 세밀하게 보여 주고, 어두운 부분은 더 어둡게 표현하되 사물이 또렷하게 보이도록 하는 이미지 표현 기술이죠.

HDR 영상은 콘텐츠와 디스플레이, 두 가지의 요소가 제대로 갖추어져야 합니다. 콘텐츠는 일반적으로 HDR 전용 영상 카메라로 촬영하죠. 이는 일반 카메라보다 넓은 범위의 명암을 담을 수 있어

HDR(High Dynamic Range)

HDR은 명암(화면의 밝고 어두운 정도)의 범위를 넓혀 더욱 현실감 높은 화질을 보여 주는 이미지 표현 기술입니다. 촬영 단계부터 밝고 어두운 부분의 정보를 모두 파악하여 밝고 어두운 부분의 형태와 색을 더욱 세밀히 표현합니다. HDR 영상은 HDR 전용 촬영, 전송 규격, 디스플레이가 뒷받침될 때 최고의 HDR 화질 효과를 얻을 수 있습니다.

HDR 이전의 모습(왼쪽)
HDR 이후의 모습(오른쪽)

 밝은 부분인 하늘을 세밀히 촬영(왼쪽)
어두운 부분인 땅의 모습을 세밀히 촬영(오른쪽)

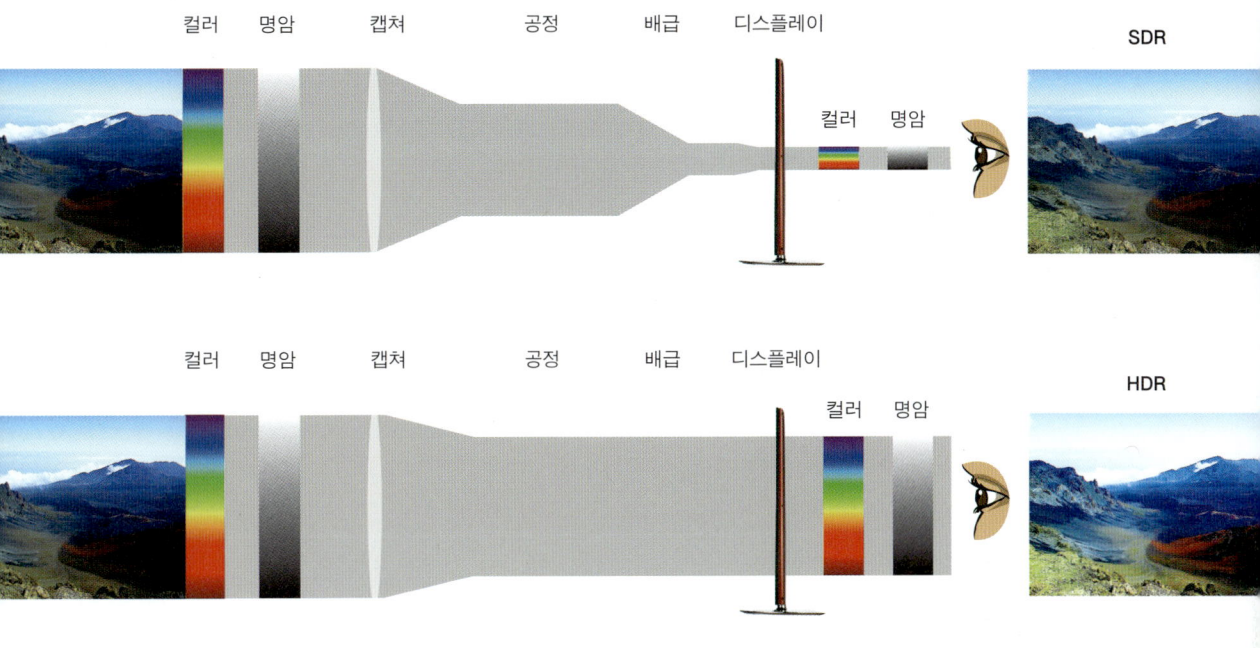

HDR의 구현

진정한 HDR을 구현하기 위해서는 촬영 단계부터 영상 재생까지 전 영역에서 HDR 기술을 도입해야 한다. 특히 방송 단계에서는 HDR 영상 정보를 압축하고 전송할 수 있는 기술이 필요하다. 디스플레이 차원에서는 밝고 어두움의 선명한 대조를 만드는 높은 명암비, 넓어진 밝기 영역을 섬세하게 표현할 수 있는 계조 수, 밝기를 충분히 나타내기 위한 백라이트가 중요하다.

서 한 장면 안에 밝기 차이가 심한 경우에도 왜곡되지 않는 영상 데이터를 생성하고 보존할 수 있습니다. HDR 규격은 영상 콘텐츠 안에 컬러, 밝기, 명암 정보 등을 담은 별도의 데이터를 저장할 수 있도록 했고, 이 작업은 보통 편집 과정에서 이루어집니다. 그리고 디스플레이에서 재생될 때 저장된 데이터들이 화면에 반영됩니다. 디스플레이에서는 HDR 효과를 살려 콘텐츠를 올바로 재현하는데, 이러한 과정을 톤매핑tone mapping이라고 합니다. HDR 콘텐츠를 제대로 표현하기 위해서는 디스플레이에서도 이를 표현할 수 있는 성능이 필요하며, 이를 배경으로 디스플레이가 갖추어야 할 일정한 기준이 마련되었습니다.

    대표적인 HDR 규격이 'HDR10'과 '돌비 비전Dolby Vision'입니다. HDR10은 1천 니트의 밝기와 10비트(약 10억 가지의 색상)의 색 심도로 규격을 정하였고, 돌비 비전에서는 1만 니트의 밝기와 12비트(약 680억 가지의 색상)의 색심도로 보다 높은 기준을 제시하고 있습니다. 높은 해상도와 함께 HDR로 색과 명암의 표현력까지 높아지면서 자연에 가까운 고화질 콘텐츠를 즐길 수 있게 되자, HDR은 TV뿐만 아니라 모바일 기기에서도 채택되고 있습니다. 그리고 디스플레이의 발전과 동시에 HDR 콘텐츠도 헐리우드 영화사들을 중심으로 본격적으로 제작되고 있으며, HDR을 통해 앞으로 더욱 다양하고 생생한 영상을 경험할 수 있을 것입니다.

더 생각해보기

- HDR 기술은 디스플레이 적용 이전부터 시작되었다. 그 역사와 유래를 따라가 보자.
- HDR 효과를 제대로 얻으려면 어떤 기술들이 뒷받침되고 개발되어야 할까?

명암비

명암비

명암비 contrast ratio 또는 대조비는 디스플레이가 표현하는 최대 휘도와 최소 휘도의 상대적인 비율입니다. 어떤 디스플레이의 명암비가 10,000 : 1이라면, 최대 휘도가 최소 휘도의 1만 배라는 뜻입니다. 또한 아주 밝은 색부터 가장 어두운 색까지 최대 10,000단계의 명암을 구분할 수 있다는 의미죠. 명암비가 높을수록 우수한 화질을 구현할 수 있습니다. 명암비가 중요한 역할을 하는 이유는 인간의 눈이 밝기를 절대적으로 인지하지 못하기 때문입니다. 즉, 밝고 어두운 것을 상대적으로 느끼게 되죠.

동적 명암비라는 표현도 있는데, 이는 LCD의 경우 어두운 화면에서는 백라이트의 밝기를 낮추어 어두운 부분의 디테일을 확인할

명암비(contrast ratio)

명암비는 디스플레이가 표현하는 가장 밝고 어두운 정도의 차이를 말합니다. 예를 들어, 최대 밝기(화이트)가 $100cd/m^2$이고, 최소 밝기(블랙)가 $1cd/m^2$이면 명암비는 100 : 1이죠.

명암비는 이미지의 밝고 어두운 정도를 어느 수준까지 세밀하게 표현할 수 있는지를 알 수 있는 중요한 화질 평가 척도로 명암비가 높을수록 뛰어난 화질을 보여 줍니다.

수 있게 하고, 밝은 화면에서는 백라이트의 밝기를 높여 밝은 부분을 잘 보여 줍니다. 즉, 한 장면이 아닌 여러 장면들에서 가장 밝은 색과 가장 어두운 색 간의 휘도 비율을 뜻하는 것으로 실제의 명암비보다 큰 값이 얻어집니다.

더 생각해보기

- LCD는 낮은 명암비를 어떻게 높였을까?
- OLED가 태생적으로 LCD에 비해 명암비가 높은 이유는 무엇일까?

색심도와 계조, 감마 보정

색심도color depth는 디스플레이가 얼마나 많은 색상을 표현할 수 있는지를 나타내는 수치를 말합니다. 표현 단위로는 비트를 사용하죠. 즉, 3bit=2^3=8color, 8bit=2^8=256color, 24bit=2^{24}=16,780,000color로 나타냅니다. 따라서 색심도가 높은 디스플레이는 다양하고 자연스럽게 색을 표현합니다. 계조gradation는 이미지에서 농도가 가장 짙은 부분에서 가장 옅은 부분까지의 농도 이행 단계를 말합니다. 다시 말해, 가장 어두운 부분과 가장 밝은 부분을 동일 간격으로 나누어 표현하는 정도를 의미하죠. 따라서 단계가 많을수록 디스플레이는 더 상세하고 풍부한 색감을 표현할 수 있습니다. 색심도와 계조는 이미 앞에서 설명하였으니(☞ 42~45쪽 '화소가 만드는 색, 색의 수') 여기에서는 감마만 짚고 넘어가죠.

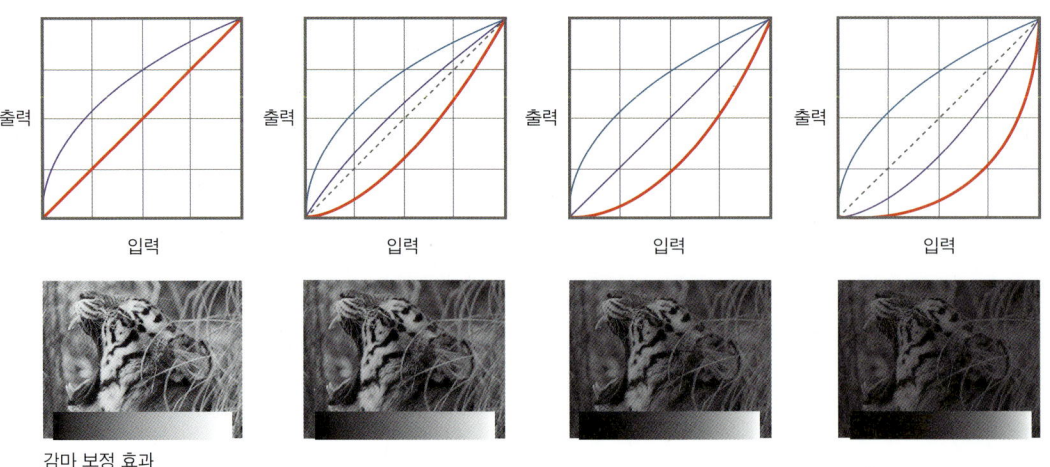

감마 보정 효과

감마 보정 1

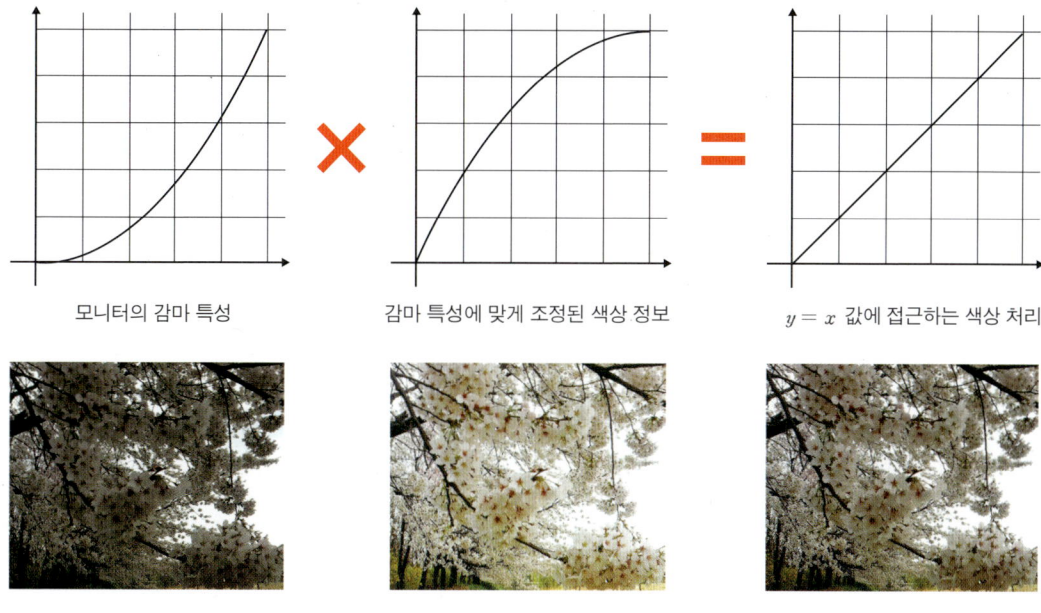

감마 보정 2

　　감마gamma는 디스플레이에 입력되는 신호의 밝기(gray level), 즉 계조와 화면상에 나타나는 영상의 휘도 간의 상관관계를 결정하는 수치입니다. 감마 값에 따라 같은 화면이라도 표현되는 밝기 톤의 차이가 달라집니다. 감마 값이 1인 경우는 계조 입력과 휘도 출력의 밝기가 같지만, 1보다 크면 중·저계조 영역에서 화면이 더 어둡게 표현되고, 반대로 1보다 작으면 밝게 표현됩니다.

　　예를 들어, 0부터 255까지 계조 수가 증가할수록 밝기도 증가하는데, 감마가 1이라면 계조에 따른 휘도가 직선적, 즉 정비례 관계로 그려집니다. 하지만 인간의 눈은 어두운 곳에서의 휘도 차이는 잘 구분하지만 밝은 곳에서는 휘도 차이에 둔감하므로 계조 수가 높아질수록 밝은색의 구분이 어려워집니다. 이를 보완하기 위해 인간의 눈에 최적화된 감마 값 보정이 필요한데, NTSC에서는 표준 감마 값을 2.2로 규정합니다. 이는 중·저계조 영역에서는 계조 변화에 따른 휘도의 변화가 작지만 고계조로 갈수록 휘도의 변화, 즉 계조-휘도 간의 기울기가 커지도록 보정한 것입니다. 즉, 고계조 영역에서 밝기의 구분이 훨씬 수월해집니다.

더 생각해보기

- '감마' 그리고 '감마 보정'에 관해 보다 이론적이고 구체적으로 설명해 보자.

시야각

디스플레이에서의 시야각$^{viewing\ angle}$이란 정상적인 화면을 볼 수 있는 최대한의 각도입니다. 특히 LCD의 경우, 액정의 비대칭 동작으로 인해 화면을 보는 각도에 따라서 명암비가 바뀌는데, 명암비가 유지되어 영상을 볼 수 있는 최대 각도를 시야각으로 나타냅니다. 즉, 화면의 위 아래(수직) 그리고 왼쪽과 오른쪽(수평)에 따라 명암비가 일정치 이상 되는 각도로 표현하죠. 여기서 명암비의 일정치는 기기와 용도에 따라 다른데, 대체적으로 10 : 1 정도를 일컫습니다. LCD에서는 시야각을 넓히기 위해 다양한 액정 구동 모드를 개발하였는데, 대표적인 방식들로는 TW$^{Twisted\ Nematic}$ 모드, IPS$^{In\ Plane\ Switching}$ 모드, VA$^{Vertical\ Alignment}$ 모드 등이 있으며, 이에 대해서는 LCD 부분에서 설명하기로 합니다.

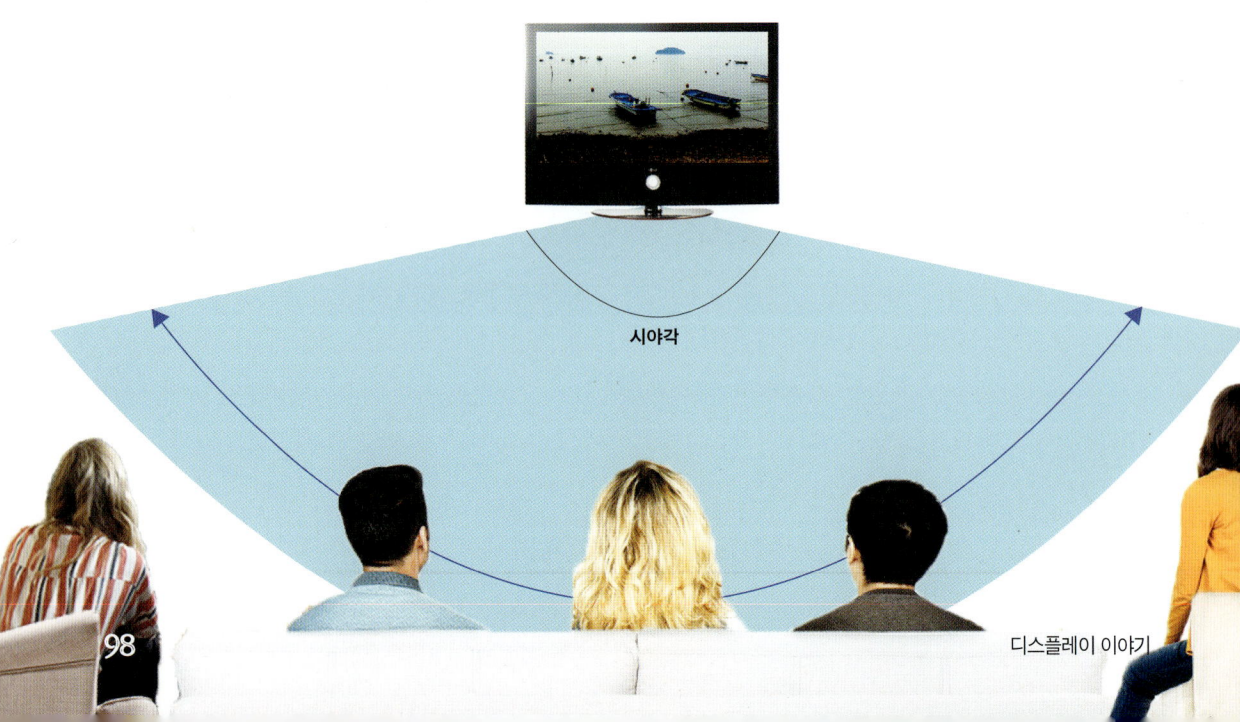

시야각

OLED는 자발광 소자로 빛샘 현상backlight bleeding, light leakage이 없어서 시야각 문제에서 비교적 자유롭습니다. 그래서 곡면 디스플레이 구현에도 상대적으로 유리하죠. 다만, 시야각에 따라 RGB의 휘도 비율이 달라지면서 백색의 색 좌표가 이동하고 색온도가 변화하는 문제가 있습니다. 이를 해결하고 완전한 시야각 확보를 위해 OLED 소자의 개선은 물론, 빛이 나오는 쪽에 위치한 상부 층들의 두께 조절, 굴절률을 최적화하는 노력이 진행 중입니다.

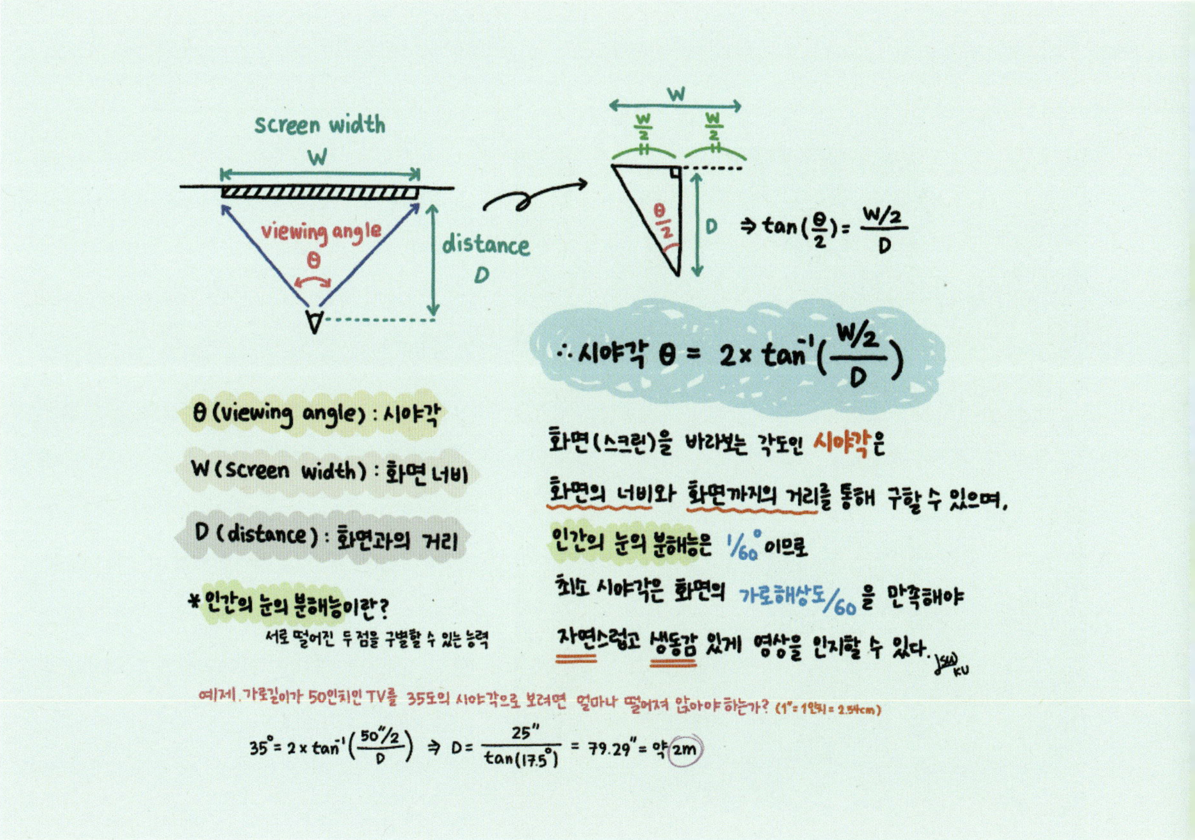

screen width
W
viewing angle
θ
distance
D
W
W/2
W/2
θ/2
D
⇒ tan(θ/2) = (W/2)/D
∴ 시야각 θ = 2× tan⁻¹((W/2)/D)
θ (viewing angle) : 시야각
W (screen width) : 화면 너비
D (distance) : 화면과의 거리
* 인간의 눈의 분해능이란?
서로 떨어진 두 점을 구별할 수 있는 능력
화면(스크린)을 바라보는 각도인 시야각은
화면의 너비와 화면까지의 거리를 통해 구할 수 있으며,
인간의 눈의 분해능은 1/60° 이므로
최소 시야각은 화면의 가로해상도/60 을 만족해야
자연스럽고 생동감 있게 영상을 인지할 수 있다.
예제. 가로길이가 50인치인 TV를 35도의 시야각으로 보려면 얼마나 떨어져 앉아야 하는가? (1" = 1인치 = 2.54cm)
35° = 2 x tan⁻¹(50"/2 / D) ⇒ D = 25" / tan(17.5°) = 79.29" = 약 2m

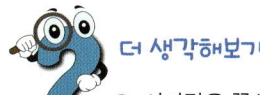

더 생각해보기

- 시야각은 꼭 넓어야만 할까?
- 화면에 대해 상하(위, 아래) 시야각은 어떤 의미가 있을까?

응답 속도

응답 속도 1
위쪽은 응답 속도의 수치가 낮은(응답 속도가 빠른) 사진이고, 아래쪽은 응답 속도의 수치가 높은(응답 속도가 느린) 사진이다.
(LG 디스플레이 블로그)

응답 시간 response time 또는 응답 속도(반응 속도)는 디스플레이에서 화면이 얼마나 빠르게 출력되는가를 수치로 표현한 것입니다. 레이턴시 latency 로도 표현하죠. 이는 화소가 원하는 색을 표시하는 데 걸리는 시간으로 주로 msec 단위, 즉 천분의 일초 단위로 표기됩니다. 물론 응답 속도가 빠를수록 동영상을 제대로 표현할 수가 있죠. 다만, 일정 속도가 넘어가면 인간의 눈으로는 구별이 어렵습니다. 그리고 일정 속도 이하로 내려가면 '깜박임'이나 '잔상'의 문제가 생기죠.

응답 속도를 측정하는 기준은 크게 두 가지가 있습니다. 하나는 BtoW Black to White 기준으로, 화소가 검은색에서 흰색으로 바뀌기까지 걸리는 시간을 뜻합니다. 화소의 변화에서 가장 오래 걸리는 시간을 측정하는데, 실제 상황에서는 이렇게 변하는 경우가 많지는 않습니다. 다른 하나는

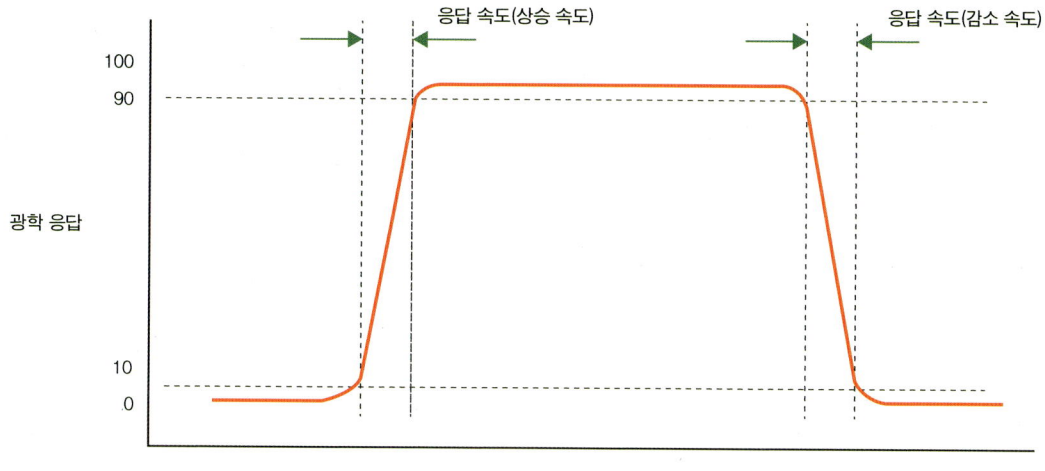

- 응답 속도는 위의 그래프와 같이 입력 신호에 의해 화소가 '검은색'에서 '흰색' 또는 '흰색'에서 '검은색' 으로 전환되는 시간을 측정하여 값을 구할 수 있다.
- 응답 속도는 디스플레이의 검은색에서 흰색, 흰색에서 검은색으로 변하는 시간이 필요하다.

응답 속도 2

GtoG$^{Gray\ to\ Gray}$ 기준으로, 최근에 주로 쓰는 측정 방식입니다. 밝은 회색에서 어두운 회색까지 넘어가는 시간을 측정합니다. 대개 최대 밝기의 10%에서 90%까지 변하는 시간을 측정하죠. 따라서 BtoW 기준보다는 응답 속도가 더 빠르게 표기됩니다. 그 밖에도 흰색에서 검은색으로 신호가 떨어지는 속도를 측정하는 WtoB$^{White\ to\ Black}$ 기준, 검은색에서 흰색을 찍고 다시 검은색으로 내려오는 하나의 주기를 측정하는 BtoB$^{Black\ to\ Black}$ 기준도 있습니다.

더 생각해보기

- 디스플레이에서 응답 속도가 느려지면 영상에 어떤 문제가 발생할까?
- OLED의 응답 속도는 LCD에 비해 빠르다. 이는 어떤 상황에서 현저히 인지할 수 있을까?

주사율, 프레임 속도

화면 주사율scan rate에서 화면을 한 번 그려내는 것이 주사scan이고, 한 번에 그려내는 화면은 프레임frame이며, 1초에 그려지는 프레임 수를 헤르츠Hz로 표기한 것이 주사율입니다. 화면 주사율은 화면 재생률refresh rate, 화면 재생 빈도 등으로도 표기하죠. 유사한 개념인 FPSFrame Per Second라는 용어는 주로 영

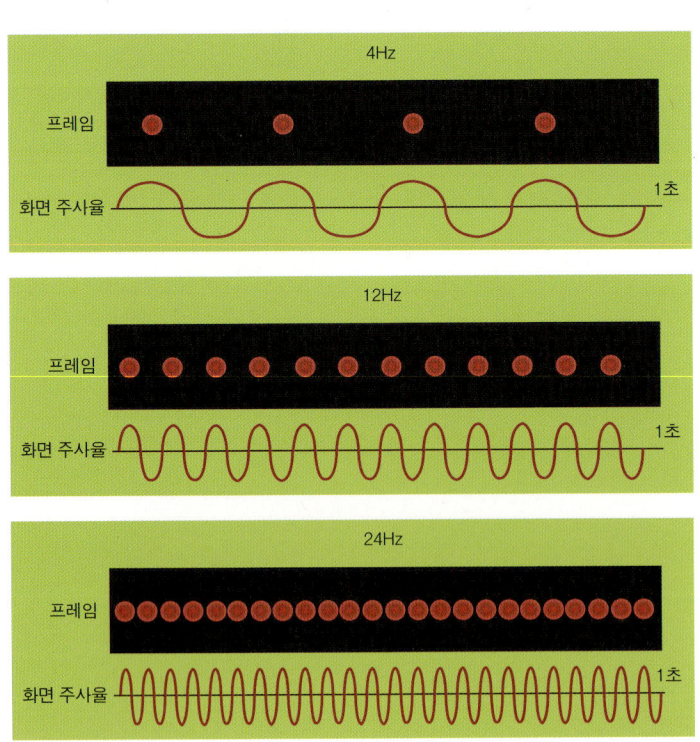

화면 주사율

상의 소스 파일 등을 대상으로 할 때 사용합니다. 여하튼 주사율은 동영상을 구현할 때 1초에 몇 장의 정지 영상을 사용하는지를 나타내는 수치입니다.

인간의 눈은 원래 1초당 15개의 프레임을 연속해서 보여 주면, 즉 15Hz 정도이면 플리커 flicker라 불리는 깜박임 현상을 느끼지 않고 자연스러운 동영상으로 인식하죠. 하지만 시청 환경의 조명 조건과 화면의 크기와 같은 변수에 의해 영상을 제대로 인식하는 데 필요한 주사율의 최솟값은 달라집니다. 기본적으로는 인간의 눈을 만족시킬 수 있는 최소 주사율을 60Hz, 즉 1초에 60장의 정지 영상을 넘기는 것으로 정하고, 이를 디스플레이에 적용하고 있죠. 60Hz의 주사율은 60분의 1초, 즉 약 16.6msec의 프레임 속도 frame rate에 해당합니다. 한 장의 프레임에 할당되는 시간인 거죠.

만일 3차원 디스플레이를 구현하는 데 좌안 영상과 우안 영상을 번갈아 띄우는 셔터 글라스 방식을 사용한다면 최소 주사율은 각각 60Hz씩, 즉 120Hz 이상이어야 합니다. 물론 주사율이 높을수록 프레임 속도는 빨라지고, 따라서 게임이나 동영상에서의 움직임은 더 부드러워지죠.

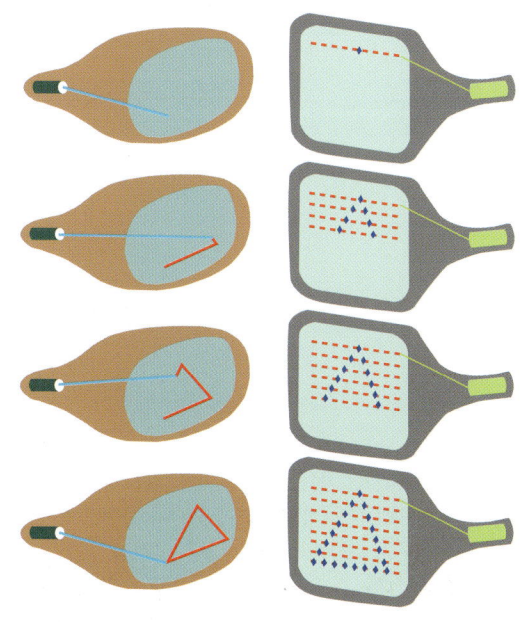

무작위 주사(왼쪽)와 점 방식 주사(오른쪽)

주사율 60Hz(왼쪽)와 주사율 144Hz(오른쪽)

더 생각해보기

- 프레임 속도가 느려지면 플리커 현상은 왜 일어날까?
- 셔터 글라스 방식의 3차원 TV에서는 왜 두 배로 빠른 프레임 속도가 필요할까?

해상도

Full HD와 4K UHD 화질 비교

디스플레이에서의 해상도resolution는 화면의 가로와 세로에 몇 개의 화소가 있는지를 뜻합니다. 화소 수가 많을수록 더욱 세밀하게 영상을 표현할 수 있죠. 보통 가로와 세로 화소들의 수로 표현하며, 이에 해당하는 명칭을 함께 사용합니다. 1920×1080(Full HD), 3840×2160(4K UHD), 8K UHD 등과 같이 말이죠. 여기에서 Full HD는 Full High-Definition을 뜻하고, 4K UHD와 8K UHD는 각각 화면의 가로 부분에 대략 4,000개와 8,000개의 화소가 있는 Ultra High-Definition 급이라는 뜻입니다.

만일 화소의 수가 같아도 화소의 크기가 다르다면 세밀함의 정도도 달라집니다. 그래서 ppi pixels per inch라는 단위를 사용하기도 하죠. 즉, 1인치 길이에 들어갈 수 있는 화소들의 개수를 말하며, 화면의 대각선 길이를 기준으로 합니다. 예를 들어, 노트북 화면의 크기가 17인치이고 1920×1080 화소라면, 해상도는 129.58ppi가 됩니다. 즉, 1920×1080 화소를 피타고라스의 정리로 계산하면, 대각선에 걸리는 화소는 약 2202.9개가 되고, 이를 대각선의 길이 17인치로 나누면 129.58ppi가 되는 거죠.

같은 방식으로 TV 화면의 크기가 80인치이고, 화소가 7680×4320개인 경우에는 해상도가 약

해상도(resolution)

해상도는 화면에서 표현하는 세밀한 정도를 말합니다. 화면의 가로와 세로에 배치된 화소의 개수로 나타냅니다.

예를 들어, 가로 1920개, 세로 1080개이면 1920×1080(Full HD)으로 표현하죠.

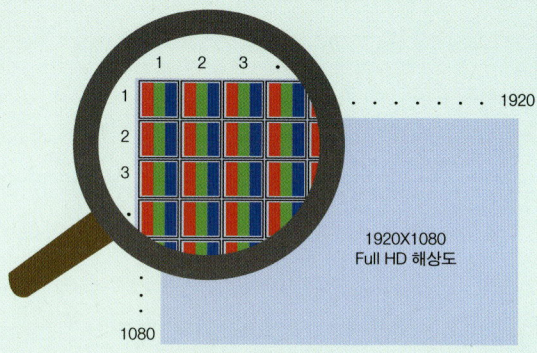

화면을 구성하는 화소의 개수가 많을수록 디스플레이의 해상도가 높아 더 선명한 이미지를 표현할 수 있습니다.

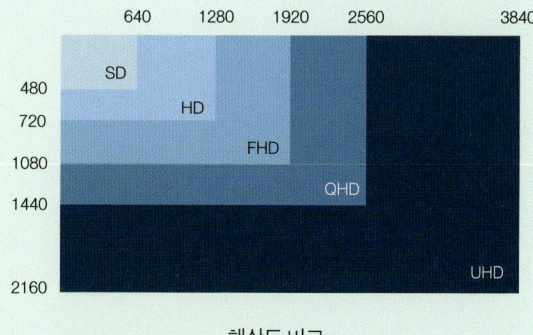

해상도 비교

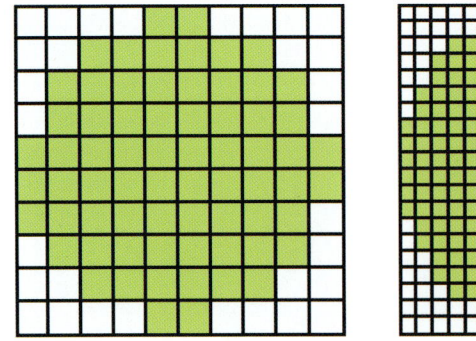

ppi 값이 클수록 더 선명하고 상세한 이미지를 표현할 수 있다.

ppi

110.15ppi가 됩니다. 절대적인 ppi 수치로는 노트북이 TV보다 해상도가 높지만, 노트북은 약 30~60cm 거리에서 보고 TV는 약 2~3m 거리에서 본다는 것을 감안하면, TV의 해상도가 더 높다고 볼 수도 있죠. 일반적으로는 같은 크기의 화면이라면 화소의 개수가 많을수록 해상도는 높아지고, 화면의 크기가 다르다면 ppi 값으로 비교를 하게 됩니다.

해상도별 명칭을 살펴봅니다. SD$^{Standard\ Definition}$는 480개의 주사선을 지원하는 브라운관 TV의 대표적인 사양으로, 4 : 3의 화면 비율이고 해상도는 640×480입니다. HD$^{High\ Definition}$부터는 16 : 9의 화면 비율이 일반적이며 1280×720 해상도를 가지고 있습니다. Full HD는 1920×1080 해상도로 지난 몇 년간 많이 적용되었습니다. UHD$^{Ultra\ High\ Definition}$는 3840×2160의 해상도를 가지는데, 화면 가로에서의 화소 수가 대략 4,000개이므로 4K라고도 부릅니다. 최근에는 4K를 넘어 8K, 즉 7680×4320 수준이 출시되고 있습니다.

더 생각해보기

- 해상도를 화소 수보다는 ppi로 표현하는 것이 더 객관적인 이유는 무엇일까?
- TV와 모바일 기기, AR/VR용 기기용 디스플레이들이 갖추어야 할 해상도 요건에 대해 생각해 보자.
- 해상도는 어느 정도까지 올라갈까, 그 이유는 무엇일까?

수식으로 원리를 잡다!

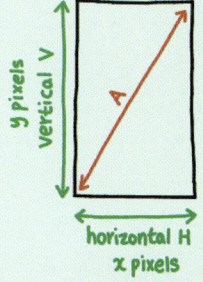

디스플레이의 해상도 (Display Resolution)

해상도는 디스플레이 표현의 세밀함 정도를 의미하며 디스플레이의 가로·세로에 배치된 화소 수로 표현한다.

선명한 이미지 표현력 ↑↑
저해상도 → 고해상도

동일 해상도를 갖는 디스플레이라도 화면의 크기가 다르면 이미지 표현력이 달라지므로 단위 인치당 픽셀 수(pixels per inch, ppi)의 단위를 사용한다.

$$ppi = \frac{픽셀수}{길이[인치]}$$

디스플레이의 크기는 주로 대각선의 길이로 표시한다.

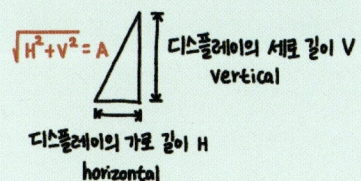

$\sqrt{H^2 + V^2} = A$

디스플레이의 세로 길이 V (vertical)
디스플레이의 가로 길이 H (horizontal)

example. 디스플레이의 크기가 가로 2.45인치, 세로 4.35인치이고 해상도가 Full HD (1080 × 1920)일 때, 가로·세로 ppi와 대각선의 길이를 구하시오.

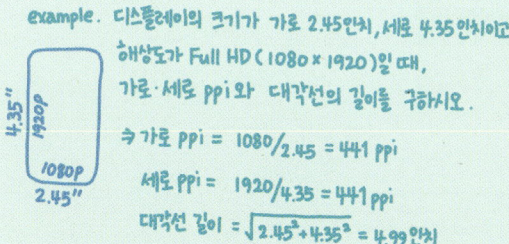

⇒ 가로 ppi = 1080/2.45 = 441 ppi
세로 ppi = 1920/4.35 = 441 ppi
대각선 길이 = $\sqrt{2.45^2 + 4.35^2}$ = 4.99인치

화면비

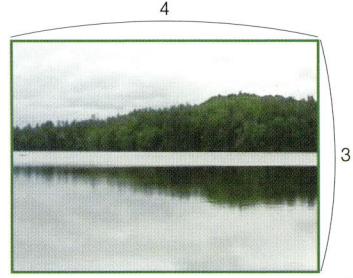
1.33 : 1 (4 : 3)

1.77 : 1 (16 : 9)

2.36 : 1 (21.3 : 9)

화면비

화면비 aspect ratio는 디스플레이 화면의 가로와 세로 길이의 비율을 뜻합니다. 일반적으로 가로의 길이 A를 세로의 길이 B로 나눈 값을 구하여 'A/B : 1'로 표기합니다. 예를 들어, '1.33 : 1'이나 '1.77 : 1'과 같이 소수점으로 표기하죠. 그러나 대중적으로는 '4 : 3' 또는 '16 : 9'처럼 표기하는 특정 비율이 잘 전달되고 편하죠. 화면비는 처음 1889년 필름 영사기의 등장과 함께 '1.33 : 1(4 : 3)'로 시작하였으며, 이후 영상의 몰입감을 높이기 위해 점차 가로로 긴 '와이드 포맷' 형태로 진화하였습니다. 지금은 영상 기술의 발달과 제작 의도에 따라 다양한 화면비가 시도, 적용되고 있습니다.

지금부터는 삼성의 자료를 인용하여 화면비의 변천 과정에 대해 조금 더 상세히 들어가 보죠. 영상의 화면 비율을 처음 결정한 인물은 윌리엄 딕슨 William Kennedy Dickson입니다. 그는 1889년 토머스 에디슨 Thomas Edison과 함께 영화 필름 영사기의 시초인 키네토스코프 Kinetoscope를 발명한 인물로, 이 장치에 필름을 이용하면서 화면의 비율을 정했습니다. 당시 에디슨은 소리를 내는 장치인 축음기를 발명한 이후 축음기에 움직이는 영상을 덧붙이는 아이디어를 떠올렸고, 사진 연구에 몰두하던 젊은 연구원 윌리엄 딕슨에게 그 연구를 맡겼습니다. 딕슨은 조지 이스트만 George Eastman이 개발한 질산 셀룰로이드 소재의 유연한 필름을 폭 35mm, 길이 약 10m 가량의 기다란 띠 모양으로 만들어 달라고 이스트만의 공장에 주문을 했고, 이 필름을 사용할 수 있는 장치인 키네토스코프를 발명하였습니다.

키네토스코프를 들여다보고 있는 토머스 에디슨

키네토스코프는 이 필름을 초당 46장, 즉 46프레임으로 돌리며 움직이는 이미지를 최초로 구현하였죠. 이때부터 영화의 필름 폭이 35mm로 정해졌습니다. 딕슨은 필름을 키네토스코프에 돌려 감기 위해 뚫어 놓은 구멍 네 개마다 한 개의 프레임을 배치하도록 결정했습니다. 그 결과 필

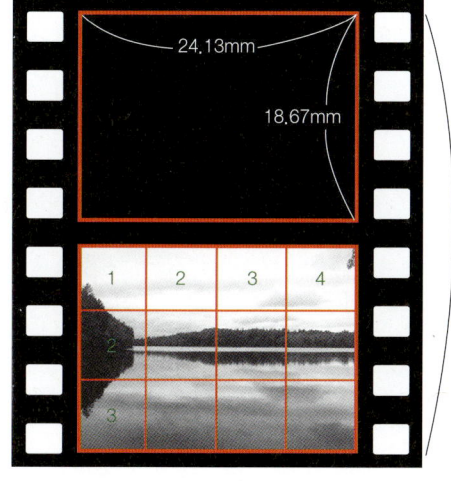

키네토스코프에 사용된 필름의 프레임 구성

름에 기록되는 영상 크기는 가로 24.13mm, 세로 18.67mm가 되었죠. 이것이 화면 비율 '4 : 3'의 시작이었고, 이후 화면 비율의 기준으로 정착하였습니다.

화면 비율에 변화가 처음 일어난 때는 음향을 곁들인 유성영화가 등장한 1929년입니다. 35mm 폭의 필름에 소리를 수록하는 녹음 라인을 추가하면서 영상을 기록하는 프레임의 폭과 비율이 약간 바뀌게 됩니다. 1932년 영화 예술 과학 아카데미가 표준을 결정하기 위한 투표를 실시해 프레임 크기를 '22mm×16mm(1.37 : 1)'로 정해 기존에 딕슨이 만든 '1.33 : 1'보다 가로가 조금 더 넓은 화면이 탄생하였으며, 이 화면 비율은 1937년 '아카데미 비율 academy ratio'이라는 명칭으로 널리 사용되었죠. 1950년대에는 TV가 등장하고, TV의 화면 비율은 극장의 화면 비율인 '4 : 3'을 자연스럽게 채택합니다. 이에

화면비의 변천사

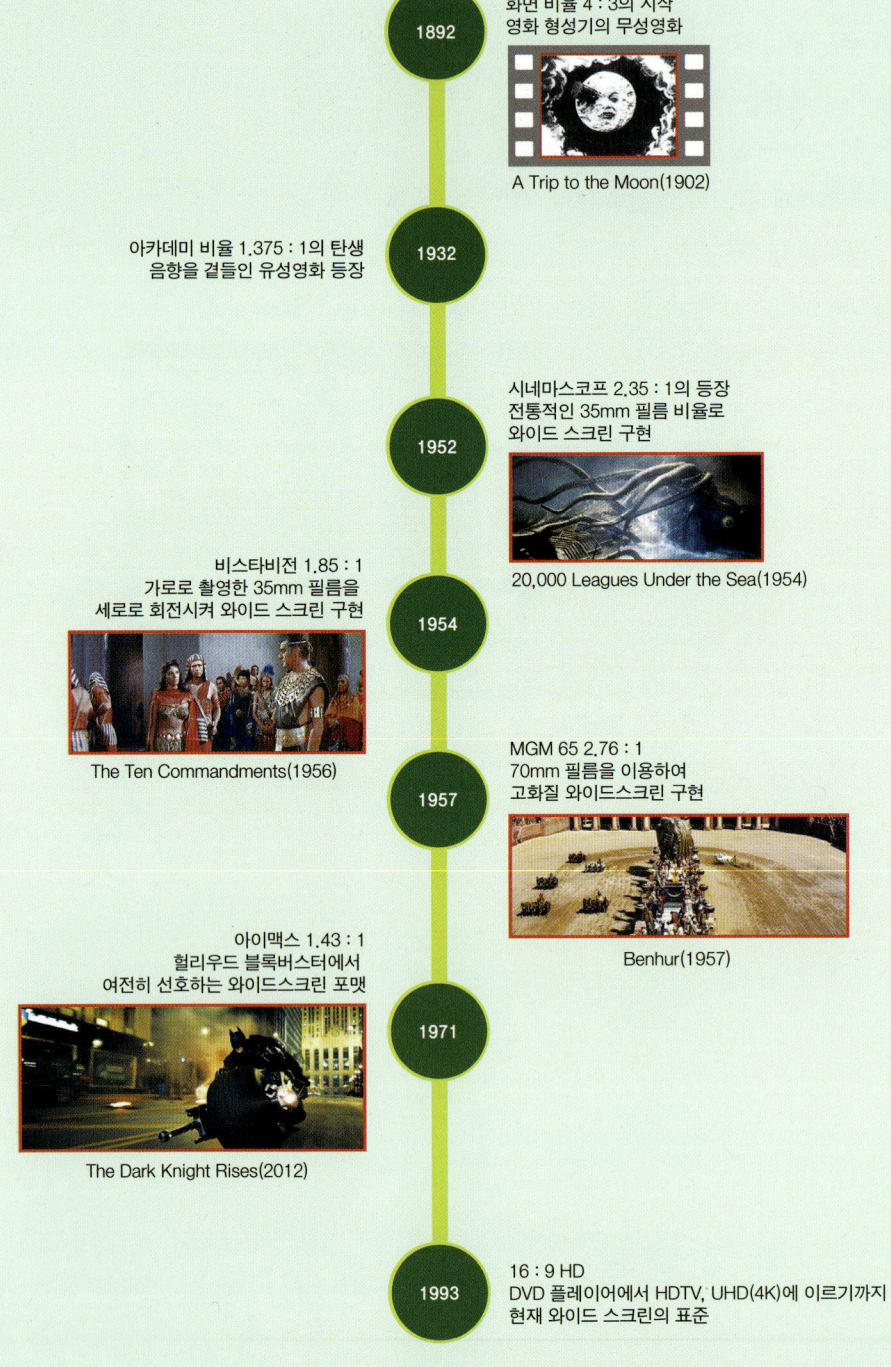

- **1892** — 화면 비율 4 : 3의 시작 / 영화 형성기의 무성영화
  - A Trip to the Moon(1902)
- **1932** — 아카데미 비율 1.375 : 1의 탄생 / 음향을 곁들인 유성영화 등장
- **1952** — 시네마스코프 2.35 : 1의 등장 / 전통적인 35mm 필름 비율로 와이드 스크린 구현
  - 20,000 Leagues Under the Sea(1954)
- **1954** — 비스타비전 1.85 : 1 / 가로로 촬영한 35mm 필름을 세로로 회전시켜 와이드 스크린 구현
  - The Ten Commandments(1956)
- **1957** — MGM 65 2.76 : 1 / 70mm 필름을 이용하여 고화질 와이드스크린 구현
  - Benhur(1957)
- **1971** — 아이맥스 1.43 : 1 / 헐리우드 블록버스터에서 여전히 선호하는 와이드스크린 포맷
  - The Dark Knight Rises(2012)
- **1993** — 16 : 9 HD / DVD 플레이어에서 HDTV, UHD(4K)에 이르기까지 현재 와이드 스크린의 표준

영화 산업계는 큰 위기감을 가지게 됩니다. 사람들이 집에서도 영상을 볼 수 있게 되었고, 극장을 찾는 관객 수가 줄어들 것으로 예상했죠. 영화 산업계와 극장들은 TV와의 경쟁에서 새로운 전략이 필요했습니다. TV와는 다른 포맷을 택해 경쟁력을 갖출 필요성을 느꼈고, 가로 영상 폭을 넓혀 높은 현장감을 재현할 수 있는 '와이드 스크린 포맷'을 만들게 됩니다.

지금까지의 화면 비율 변화 과정을 살펴보면, 딕슨이 시작한 '1.33 : 1'부터 아카데미 비율인 1.37 : 1을 거쳐 시네라마^{Cinerama}의 '2.59 : 1', 시네마스코프^{CinemaScope}의 '2.35 : 1', 비스타비전^{VistaVision}의 '1.85 : 1', 토드 AO$^{Todd-AO}$의 '2.20 : 1', MGM 65의 '2.76 : 1' 등으로 다양하게 변화하였습니다. 그런데 신기하게도 현재 대부분의 TV 화면 비율인 '16 : 9(1.77 : 1)'는 보이지 않습니다. '16 : 9'의 탄생 배경은 TV의 역사에서 찾을 수 있습니다. 1980년대 후반 HDTV 표준을 정하면서 미국 영화 텔레비전 기술자 협회는 '16 : 9'라는 화면 비율을 제시하였습니다. '16 : 9(1.77 : 1)'는 기하학적으로 보면 '4 : 3(1.33 : 1)'과 시네마스코프의 '2.35 : 1'의 평균 수치에 해당합니다. 따라서 폭이 좁거나 반대로 폭이 넓은 와이드 스크린 비율의 영상이라도 '16 : 9' 포맷에서 시청하면 영상의 상하 좌우에 조금씩 공백이 들어가는 방식으로 영상을 표시할 수 있게 됩니다. 따라서 '16 : 9'의 화면 비율은 일종의 타협안인 셈이죠. 이 비율은 이후 DVD$^{Digital\ Video\ Disc,\ Digital\ Versatile\ Disc}$ 플레이어에서 HDTV, UHD(4K)에 이르기까지 와이드 스크린의 표준으로 널리 쓰이게 됩니다.

TV 시장에서의 와이드 스크린의 변화는 지금도 현재 진행형입니다. '4 : 3'에서 '16 : 9'로 와이드 스크린의 요구를 반영하였듯이, '16 : 9'보다 더 폭이 넓은 '21 : 9' 시장도 개화했습니다. 와이드 스크린의 진화는 어디까지 이어질까요? 지금까지 살펴본 화면 비율에는 재미있는 수학적 관계가 숨어 있습니다. 즉, '4 : 3'의 비율을 분수로 표현하면 4/3가 되고, 이 숫자를 제곱하면 16/9이 됩니다. 그리고 4/3를 세제곱하면 '64 : 27'이 되는데, 이는 약 '21.3 : 9'로 현재 새로운 와이드 스크린으로 주목받고 있는 '21 : 9'와 비슷한 비율입니다. 그렇다면 4/3에 네제곱을 하면 어떨까요? 256/81이 되는데, 소수점 비율로 나타내면 '28.4 : 9'가 됩니다. 단순히 계산해 본 수학적 추측일 뿐이지만 더 폭넓은 와이드 스크린에 대한 시청자의 요구가 나타난다면 언젠가는 '28 : 9' 비율의 포맷도 등장할 수 있습니다.

● 화면비는 어떻게 다양화될까, 그 이유는 무엇일까?
● 화면은 꼭 직사각형이어야만 할까, 그렇다면 혹은 아니라면 그 이유는 무엇일까?

뫼비우스의 띠

만남과 이별
삶과 죽음 사이
존재하는 경계
경계를 지나야만 하는
운명

뫼비우스의 띠
한 면과 다른 면 사이
존재하지 않는 경계
무한히 반복되는
교차

행복일까
불행일까
순간을 지나지 않고
영원히 교차되는
운명

Moebius (band, loop, strip)
A surface with only one side and only one boundary
when embedded in three-dimensional Euclidean space.

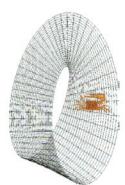

다면취 공정

디스플레이 공장에서는 유리 기판, 즉 원장 mother glass 한 장에 수~수백 개 또는 수천 개까지도 이르는 디스플레이 패널들이 만들어집니다. 하나의 원장에서 많은 패널들을 취하게 되는 거죠. 이를 다면취 공정이라고 합니다. 그리고 면취수는 원장 한 개에서 생산할 수 있는 패널의 개수입니다. 물론 대형 TV 패널보다는 소형 모바일 폰의 패널의 면취수가 크죠.

예를 들어, 8세대 원장에서는 55인치 TV용 패널을 여섯 개, 65인치 패널을 세 개 정도 만들 수 있

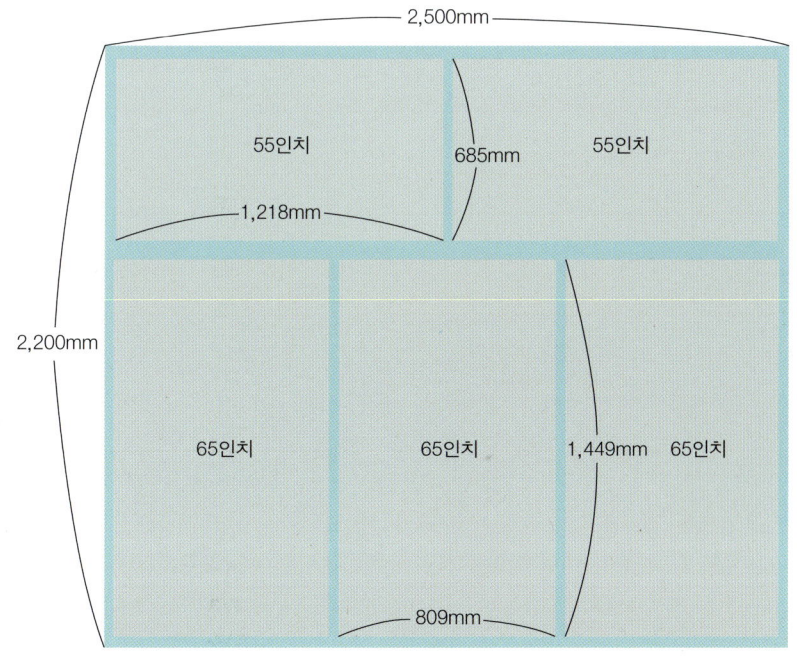

다면취

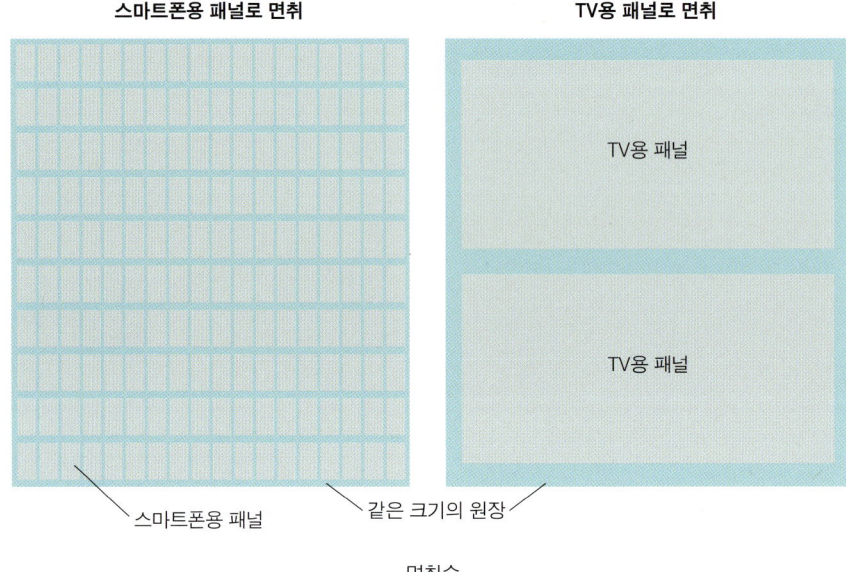

면취수

습니다. 55인치를 생산할 경우에는 버려지는 부분이 적지만, 65인치의 경우에는 버려지는 부분이 훨씬 많습니다. 이럴 때 원장 전체 면적 중 실제 패널로 만들어지는 영역의 비율을 '면취 효율'이라고 합

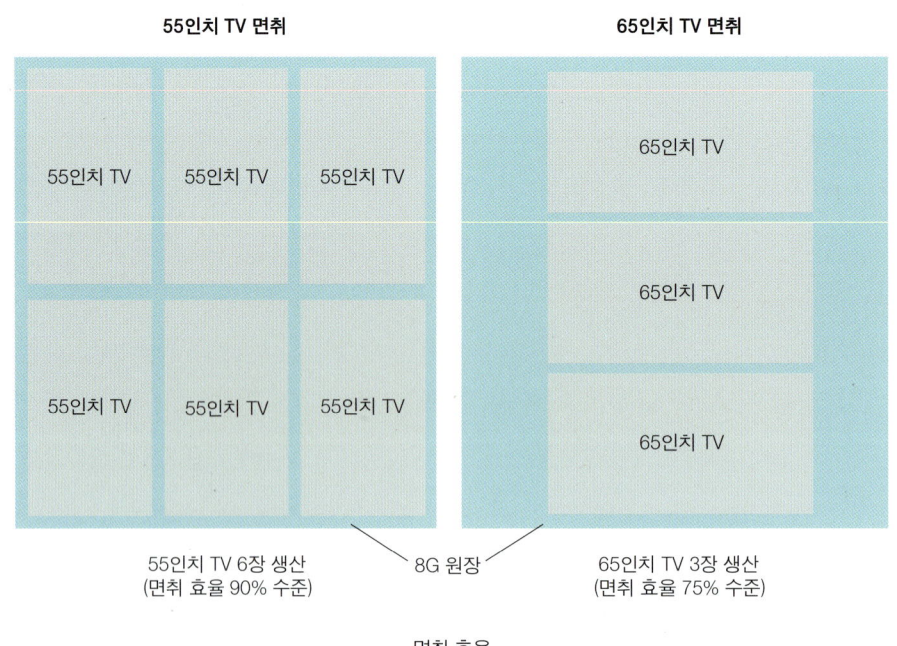

면취 효율

니다. 원장에서 패널로 취하는 정도의 효율성이라는 의미죠. 물론 면취 효율이 높아야 원장을 알뜰하게 사용하는 것입니다. 최근에는 남는 영역을 모니터나 폰과 같이 작은 사이즈에 할당해 효율성을 높이기도 합니다. 면취 효율이 높을수록 생산성이 증가하기 때문에 패널 제조사 입장에서는 새로운 라인을 건설할 때, 세대의 원장 크기를 결정함에 있어서 향후 소비자들이 선호하는 주력 제품군과 패널 크기를 정확히 고려해야 시장 경쟁력을 가지게 됩니다.

 **더 생각해보기**

● 다면취 공정이 생산 그리고 경제적으로 유리한 이유는 무엇일까?

상판과 하판

일반적으로 평판 디스플레이 패널은 두 장의 (유리) 기판으로 이루어져 있습니다. PDP가 그러했고, LCD가 그러합니다. OLED도 봉지용 기판까지 두 장의 유리 또는 금속 캔과 유리 기판을 사용하지만, 박막 봉지 기술이 완성된다면 한 장의 기판 위에 만들어지는 최초의 디스플레이가 되죠. 물론 커버 글라스나 터치 스크린까지는 고려하지 않은 경우입니다.

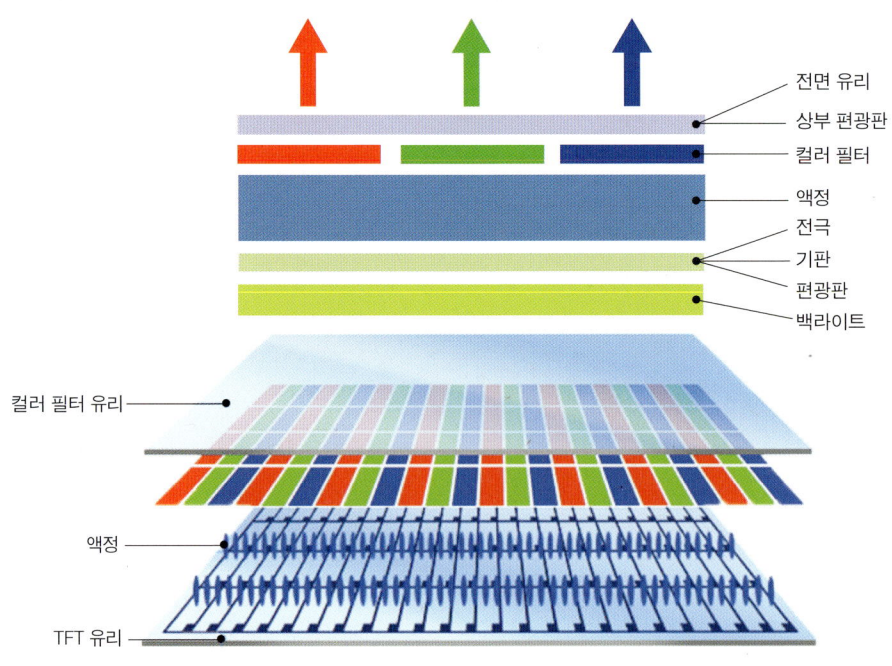

LCD의 상판과 하판(삼성 디스플레이)

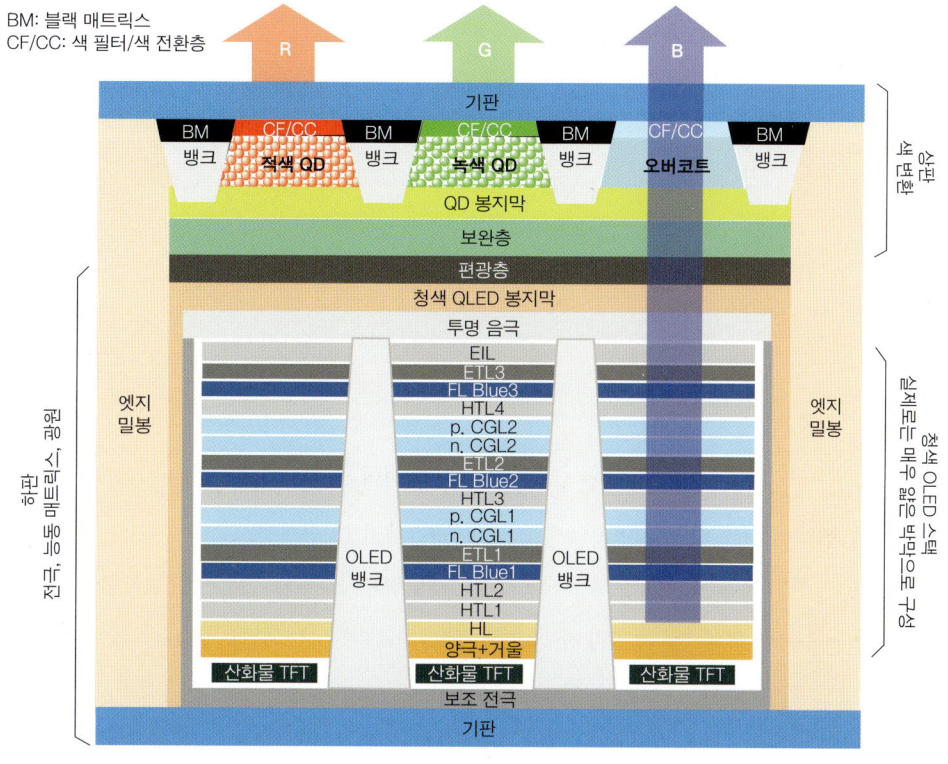

QD-OLED의 상판과 하판

일반적인 두 장의 유리 기판을 이야기할 때, 우리가 바라보는 쪽과 반대쪽 기판들을 각각 전면front plane과 후면back plane으로 구분하기도 하고, 제조 공정을 고려하여 위쪽top plate과 아래쪽bottom plate으로 명명하기도 하죠. LCD에서는 전면 또는 위쪽 기판을 컬러 필터color filter 기판, 후면 또는 아래쪽 기판을 TFTThin Film Transistor 기판이라고 합니다. 이는 기판 위에 만들어지는 구성부를 기준으로 분류한 것이죠. 흥미로운 점은 후면 발광 OLED에서는 전면 기판이 TFT 기판이 된다는 점입니다. 약간의 혼동이 있겠지만, 이 정도로 설명하면 충분히 이해될 것으로 기대됩니다. 다만, OLED가 유리 기판이든 플라스틱 기판이든 한 장의 기판으로 본격적인 생산이 이루어져 제품들이 나오게 되면, 기판의 구분은 LCD에서만 필요하겠죠. 그때 다시 네이밍naming을 해도 재미있을 겁니다.

 **더 생각해보기**

- 디스플레이 기판을 선택할 때, 어떤 점들을 고려해야 할까?

생산량

생산량은 현장에서 캐파$^{CAPA,\ capacity}$라고들 말하는데, 디스플레이 패널 공장의 라인별, 월간 생산하는 원장$^{mother\ glass}$의 매수를 의미합니다. 공장의 1개 라인에서 한 달에 1,000매(장)의 원장을 생산할 수 있다면 생산량은 1K, 만일 10,000매를 생산한다면 10K, 100,000매일 경우에는 100K가 되겠죠. 물론 한 장의 원장에는 여러 개의 TV 패널과 수십 개의 모니터 패널 또는 수백 개의 스마트폰 패널이 만들어집니다.

더불어 최대로 생산 가능한 수량을 '총투자 생산량'이라 합니다. 좀 더 현실적으로는 라인의 생산 수율, 가동률, 기타 다른 요인에 의한 생산력 하락을 감안한 실제 생산력을 나타내는 지표로 '실 생산량' 등의 개념을 사용하기도 합니다.

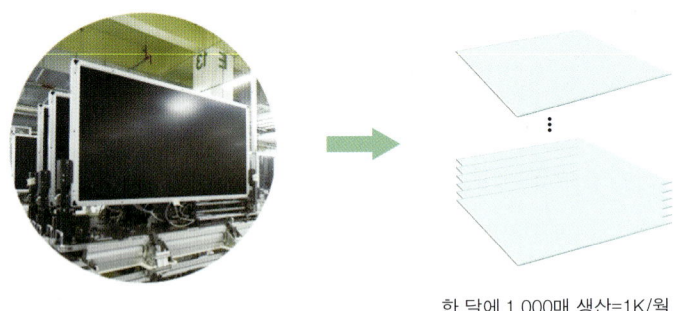

한 달에 1,000매 생산=1K/월

생산량

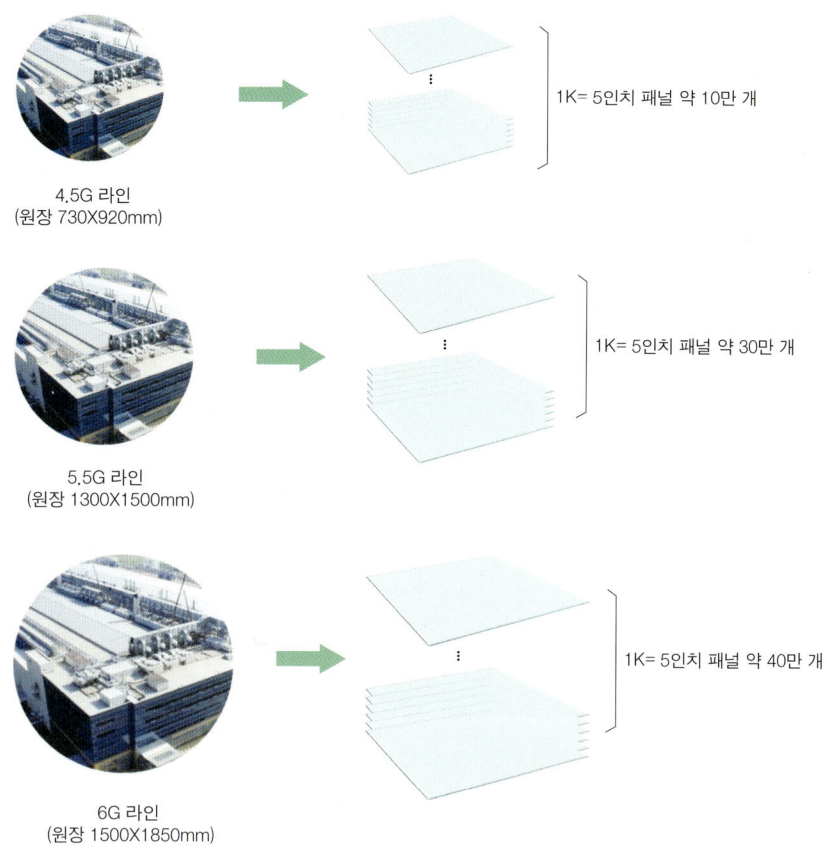

라인 세대별 생산량 비교

● 생산 라인을 설치한 후에 생산 초기의 캐파는 시간이 경과할수록 어떻게 변할까, 그 이유는 무엇일까?

세대(G)

디스플레이 패널의 세대^{generation}란 무엇일까요? '세대'의 개념을 이해하려면 먼저 디스플레이 패널의 제조가 어떻게 시작되는지 알아야 합니다. 디스플레이 패널은 일반적으로 제조의 기반이 되는 커다란 유리 기판을 놓고 그 위에서 제조를 시작합니다. 생산할 패널의 크기에 따라 하나의 유리 기판에 55인치 TV 크기의 공간을 여러 개 할당하기도 하고, 5인치 스마트폰용 공간을 수백 개 할당하기도 합니다. 이렇게 패널 생산의 기반이 되는 큰 유리 기판을 업계에서는 '원장' 또는 '마더 글라스$^{mother\ glass}$'라고 부릅니다. 그리고 원장의 크기에 따라서 세대를 구분합니다. 세대를 뜻하는 영어 'generation'의

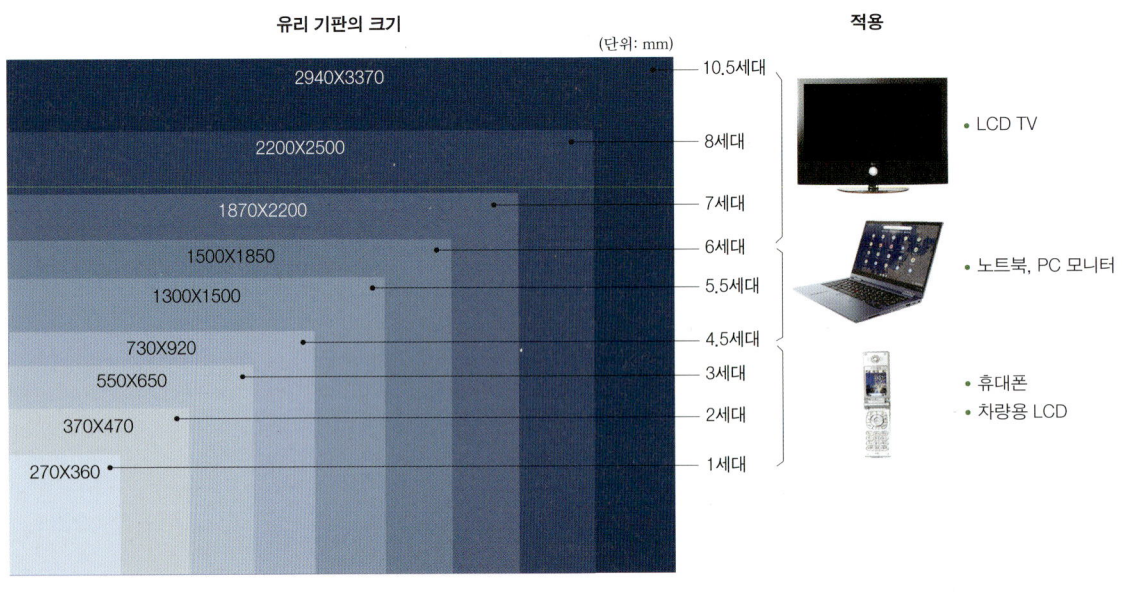

세대별 원장 크기의 비교와 적용

이니셜을 사용해 해당 세대의 숫자 뒤에 'G'를 붙여서 표현하죠. 보통은 한 세대가 높아질 때 면적이 약 두 배가량 커집니다. 그리고 직사각형의 원장에서 다음 세대의 짧은 변이 이전 세대의 긴 변보다 크게 되죠. 간혹 소수점, 즉 1세대 단위가 아닌 0.5세대만 증가하는 경우는 이전 세대의 긴 변보다 다음 세대의 짧은 변이 작기 때문입니다.

기업의 전략이나 여건에 따라서 비슷한 크기의 원장을 사용하면 통상 같은 세대라고 부르고, 제조사가 공식적으로 자신들의 세대를 홈페이지 등을 통해서 밝히기도 합니다. LCD 양산이 시작되던 시점에는 기술적인 한계로 원장의 크기가 대략 270×360mm 정도였습니다. 이를 1세대 원장 크기라고 부르죠. 디스플레이 원장의 세대는 점점 커지는 방향으로 진화하고 있습니다. 1세대가 약 270×360mm에서 출발했고, 현재 최대 크기의 원장인 10.5 또는 11세대의 경우 2940×3370mm 정도이므로 1세대에 비해 면적이 약 100배 정도 증가하였죠.

● 세대에 가끔 0.5가 붙는 이유는 무엇일까, 왜 그런 선택을 할까?

택트 타임

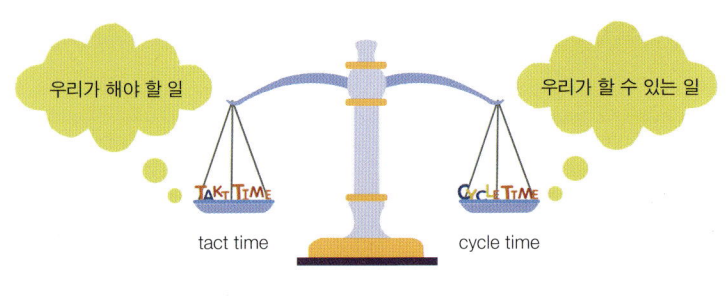

택트 타임과 사이클 타임 비교

택트 타임은 독일어 'taktzeit'에서 온 말이고, 영어로는 사이클 타임으로 옮길 수 있다고는 하지만, 엄밀히 따지면 약간의 뉘앙스 차이가 있습니다. 물론 '전체 생산 시간에서 제품 하나를 생산하는 데 걸리는 시간'이라는 점에서는 통합니다. 하지만 사이클 타임은 원자재가 라인에 투입되어 완제품이 나오기까지 걸리는 시간이고, 택트 타임은 소비자가 요구하는 수요량을 맞추기 위해 달성해야 하는 생산의 속도를 의미합니다. 즉, 사이클 타임은 회사 입장에서, 택트 타임은 소비자 입장에서 바라보는 용어죠.

택트 타임을 어원을 고려하면 'takt time'이 정확하지만, 현장에서는 'tact time'으로 표기하는 경우가 많습니다. 그리고 생산 시간을 말할 때, 뉘앙스의 구분 없이 사이클 타임보다 더 편하게 사용되는 용어입니다.

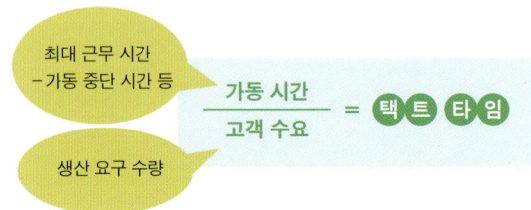

택트 타임을 한 번 계산해 보죠. 예를 들어, 하루에 가동할 수 있는 생산 시간이 450분이고 하루의 고객 수요가 50개라면 450÷50=9분이 되겠죠.

더 생각해보기

● 택트 타임을 줄이면 왜 유리할까? 기술적인 면과 경제적인 면으로 구분하여 생각해 보자.

커넥터

TV의 뒤쪽 부분 또는 모니터의 연결 부분을 보면 파워 케이블 외에 다른 선이 하나 더 있죠. 디스플레이가 스스로 정보를 만들어 보여 주는 것이 아니므로 화면에 표현할 내용을 정보의 저장소인 셋톱 박스Set-Top Box, STB나 PC 등으로부터 가져와야 하는데, 이를 위해 정보를 전달하는 통로가 필요합니다. 그러한 통로 역할을 하는 것이 디스플레이 커넥터입니다. 디스플레이용 영상 커넥터는 크게 아날로그와 디지털 방식으로 인터페이스를 구분할 수 있는데, 과거의 아날로그 방식이 현재는 디지털 방식으로 대부분 대체되었죠.

먼저 아날로그 방식의 대표적인 종류부터 살펴보죠. 컴포지트는 가장 기본적인 영상 커넥터로 가정용 비디오 기기에서 주로 사용되었던 인터페이스입니다. 오래된 TV나 VCRVideo Cassette Recorder 또는 가정용 게임기에서 흔하게 볼 수 있던 커넥터로, 케이블과 단자의 색은 노란색입니다. YUV라는 세 개의 소스 신호(Y: 밝기, U/V: 색상, 색차)를 동기화하여 합친composite 것이라는 의미로 이름이 붙여졌습니다. 1개의 채널(라인)로 밝기와 색 신호를 모두 전송하기 때문에 이후에 나온 커넥터에 비해서는 화질이 떨어집니다. 컴포지트가 출력할 수 있는 영상의 해상도는 최대 480i(NTSC) 또는 576i(PAL) 수준인 SDstandard definition급입니다. 아날로그 영상 커넥터들은 일반적으로 음성 신호는 포함하지 않기 때문에 별도의 음성 케이블을 추가로 사용해야 합니다. 흰색과 붉은색, 2개의 커넥터로 스테레오 사운드 정보를 전달합니다.

다음으로 S-비디오Separate video는 가정용 및 일반 업무용 비디오에서 보다 나은 화

컴포지트

S-비디오

질을 보여 주기 위해 밝기 신호(Y: brightness)와 색 신호(C: chrominance, color)를 분리하여 처리하는 방식의 아날로그 인터페이스 장치로 4개의 핀을 사용하는 방식이 일반적입니다. 기존의 컴포지트 인터페이스는 1개의 단일 채널로 구성되어 있기 때문에 밝기와 색 신호가 섞이거나 감쇄되어 화질이 저하될 수 있으나, S-비디오는 이 2가지 채널을 분리해 신호를 전달하므로 컴포지트보다 우수한 화질을 보여 줍니다. 하지만 여전히 출력 가능한 최대 해상도는 컴포지트와 동일한 SD급입니다.

그 다음으로 컴포넌트component video입니다. 기존의 아날로그 인터페이스인 컴포지트와 S-비디오가 각각 1개와 2개의 채널로 신호를 전달하는 데 비해, 컴포넌트는 영상 정보를 3개의 채널로 전달합니다. 각 채널마다 별도의 케이블로 나누어 전달하기 때문에 각 정보 간의 간섭이 줄어들어 영상신호를 상당히 정확하게 전달하는 아날로그 인터페이스죠. 컴포넌트 케이블은 케이블마다 녹색, 파란색, 빨간색으로 표시되는데, YPbPr이라는 상대적 색 공간을 활용하는 방식으로 신호를 전달합니다. 녹색 케이블은 영상의 밝기 신호(Y), 파란색 케이블은 영상의 파란색과 Y의 밝기 차이 신호(Pb), 빨간색 케이블은 빨간색과 Y의 밝기 차이 신호(Pr)를 전달합니다. 영상 표현에 필요한 RGB(빨강, 녹색, 파랑) 중에서 빠진 녹색 신호는 YPbPr 데이터를 사용해 추출이 가능하므로 별도로 출력하지 않아도 표현이 가능하죠. 컴포넌트 인터페이스는 SD급(480i) 영상부터 풀HD급(1080p) 영상까지 출력할 수 있기 때문에 최근까지도 빔프로젝터, TV 등 다양한 AV Audio-Visual 기기에서 쓰이고 있습니다.

컴포넌트

마지막으로 D-Sub 또는 VGA Video Graphics Array, RGB 케이블이라고도 불리는 인터페이스입니다. 이는 특히 PC와 디스플레이 간의 아날로그 커넥터로 가장 많이 사용됩니다. 이름의 'D'는 단자의 모습이 알파벳 D와 유사해 붙여진 이름이며, 예전 관점에서는 상당히 작은 크기였기 때문에 '초소형'이라는 뜻의 '서브미니어쳐 subminiature'라는 의미를 더해 'D-Sub'라는 이름으로 부르게 되었습니다. 일반적으로 쓰이는 영상 신호 전달용 D-Sub 인터페이스의 단자는 15개의 핀으로 구성되어 있는데, 각각의 핀이 색상 정보, 수직과 수평 동기화 등의 다양한 신호를 전달합니다. 이로 인해 컴포지트나 S-비디오는 물론, 컴포넌트에 비해서도 화질이 좋습니다. 해상도는 최대 2048×1536(QXGA)까지 지원합니다. 노트북이나 PC 대부분이 이 방식을 기본으로 지원해 왔기 때문에 빔프로젝터나 모니터 그리고 TV 등을 연결해 사용하는 데 호환성이 좋아서 많이 사용되었습니다. 그러나 최근에는 더 높은

D-Sub

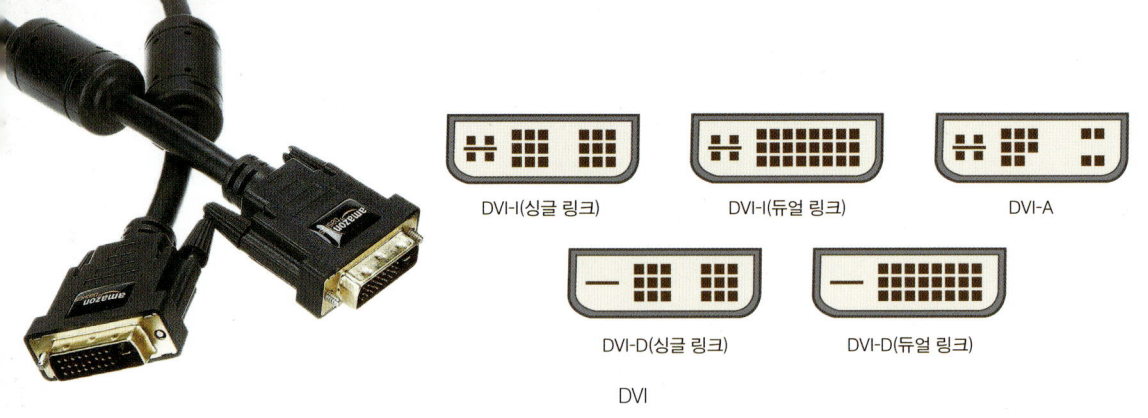

DVI

해상도에 대한 필요성과 단자의 소형화 및 음성 신호 포함 추세에 따라 디지털 인터페이스로 대체되고 있습니다.

이상 소개한 컴포지트, S-비디오, 컴포넌트, D-Sub 외에도 아날로그 방식의 영상 커넥터는 여러 가지가 있으나 대표적으로 사용되는 인터페이스들이기에 살펴보았습니다. 다음으로는 최근 탑재가 급속도로 높아지고 있는 디지털 방식의 인터페이스에 대해서 알아보겠습니다.

DVI^{Digital Visual Interface}는 LCD를 비롯한 평판 디스플레이 등의 디지털 디스플레이에 최적화된 표준 영상 인터페이스입니다. 가정에서도 영상 기기들이 디지털화되면서 높은 품질의 디지털 신호를 처리해야 하는데, 기존의 아날로그 영상 인터페이스로는 한계가 있었죠. 높은 해상도와 화면 재생률에 대한 필요성 그리고 아날로그가 노이즈^{noise}에 취약한 점 등에 대한 해결이 필요하였고, 따라서 1999년에 DVI가 등장하였습니다. 아날로그 신호는 전달되는 과정에서 케이블의 소재나 전압의 변화 그리고 주변의 노이즈 등에 민감하게 반응하여 화질이 저하되는 반면에 디지털 방식은 이런 일이 적습니다. 특히 아날로그 방식과 비교할 때 필요로 하는 대역폭이 적어 더 높은 품질의 신호를 전달할 수 있습니다. DVI는 지원 형식에 따라 디지털 전용인 DVI-D(Digital)와 아날로그까지 호환되는 DVI-I로 구분되며, 전송 속도에 따라서는 싱글 링크와 듀얼 링크로도 구분합니다.

싱글 링크는 1920×1080(Full HD)까지 지원하며 듀얼 링크는 2560×1600(WQXGA)에 이르는 고해상도 영상을 화면 재생률 60Hz로 출력할 수 있습니다. 다만, DVI는 디지털 방식이기는 하나 D-Sub와 마찬가지로 영상신호만 전달이 가능한 인터페이스이므로 음성이 중요한 AV 기기보다는 주로 PC와 모니터를 연결하는 용도로 많이 사용됩니다.

HDMI^{High Definition Multimedia Interface}는 DVI를 AV 기기용으로 개선한 것으로, 2002년 12월에 HDMI 1.0의 사양을 결정하며 탄생하였죠. 소니, 파나소닉, 히타치 등 AV 가전 업체들이 주축이 되어 공동 개발하였으며, 케이블 하나로 영상과 음성을 모두 출력할 수 있어 그래픽 카드, 노트북, 콘솔 게임기

등과 같은 다양한 기기에 사용되며, UHD급의 고화질과 높은 음질의 출력이 가능합니다. 따라서 AV 기기를 위한 대표적인 인터페이스라고 할 수 있죠. 단자의 크기에 따라 표준 HDMI, 미니 HDMI, 마이크로 HDMI 들이 있으며, 규격의 버전이 높아질수록 출력 성능도 높아집니다. 예를 들어, 2017년에 확정된 최신 버전인 HDMI 2.1에서는 10K인 10240×4320 해상도에 100Hz의 재생률이 가능하며, 다이내믹 HDR 기술과 32 채널 음향까지 지원하고 있습니다.

HDMI 2.1

끝으로 디스플레이 포트 Display Port, DP 에 관한 이야기를 하죠. HDMI는 AV 가전 업체들이 주축이 되어 개발한 인터페이스로서 PC 관련 업체들이 라이선스 비용을 지불하기에는 부담이 되었습니다. 이에 따라 비디오 전자공학 표준 위원회 Video Electronics Standards Association, VESA 는 2006년 5월, 컴퓨터 관련 디스플레이에 사용하는 용도로서, '디스플레이 포트'라는 새로운 디지털 인터페이스를 제정합니다. DP는 디지털 방식으로 영상과 음성 신호를 전달한다는 점에서 HDMI와 유사합니다. 다만, PC용 디스플레이에 특화되어 다중 모니터 출력 기능이 뛰어나며 HDMI와 달리 별도의 라이선스 비용이 들지 않습니다. HDMI와 DP의 형태를 비교해 보면 크기는 비슷하

DP 1.4

지만 DP에는 케이블을 뺄 때 버튼을 누르도록 하여서 실수로 케이블이 빠지는 경우를 방지한 점이 다릅니다. DP도 HDMI와 유사하게 버전이 올라감에 따라 출력 성능도 함께 상승합니다. 2016년에 확정된 DP 1.4에서는 8K 해상도에 60Hz의 재생률, 32개의 오디오 채널 전송 기술을 지원합니다. DP도 작은 기기에 적합하도록 미니 DP 규격이 함께 존재합니다. DP는 디지털 인터페이스의 후발 주자이므로 아직 시장에서의 점유율은 HDMI에 비해 낮은 상황입니다. 하지만 상호 경쟁을 통해 인터페이스가 더욱 진화하는 데 기여할 것으로 보입니다.

*삼성 디스플레이 블로그에서 참조하였습니다.

더 생각해보기

- 기술이 발전하고 시간이 경과하면서 커넥터에는 어떤 기능들이 추가되어 왔으며, 앞으로는 어떤 기능이 더 추가될까?

맥스웰 방정식 – 균형

들어온 만큼 나가고
나간 만큼 들어온다
웃음만큼 울음이 있고
울음만큼 웃음이 있다

NET는 ZERO이다

시작은 끝과 이어지고
끝은 시작과 이어진다
만남은 이별로 가고
이별은 재회로 간다

인생은 윤회이다

Gauss's law for magnetism
There are no "magnetic charges" (also called magnetic monopoles), analogous to electric charges.
Instead, the magnetic field due to materials is generated by a configuration called a dipole,
and the net outflow of the magnetic field through any closed surface is zero.